Le chercheur et le paralytique

Vers une réparation de la moelle épinière blessée

Éthique et pratique médicales

fondée par Richard Moreau
Collection dirigée par Roger Teyssou

La collection *Les Acteurs de la Science*, prévue pour recevoir des études sur l'épopée scientifique moderne, se dédouble pour accueillir des ouvrages consacrés spécifiquement aux questions fondamentales que la santé pose actuellement. Cette nouvelle série cherche à faire le point objectivement et en dehors des modes sur des connaissances, des hypothèses et des enjeux souvent essentiels pour la vie de l'homme. Elle reprend certains titres publiés auparavant dans *Acteurs de la science.*

Dernières parutions

Daniel BIRNBAUM, *C'est la lutte finale*, 2015.
Jacques ROBERT, *Mal de mère et maux d'enfants*, 2014.
France BERETERBIDE, *Essais cliniques dans les pays du Sud : entre impérialisme éthique et relativisme moral ?*, 2014.
Lucien KARHAUSEN, *Mythologies médicales*, 2014.
Nausica ZABALLOS, *Vie et mort d'un hôpital psychiatrique : le Camarillo Hospital (1936-1996)*, 2014.
Monica GINNAIO, *La pellagre : histoire du Mal de la Misère en Italie*, 2013.
Pr Jean-Luc WAUTIER (avec la collaboration de Marie-Paule Wautier), *Le sens de la médecine ou la révolution culturelle dans le système de santé*, 2013.
François VACHON, *Mon corps m'a dit, Vite et mieux comprendre quand une urgence médicale menace vraiment sa vie*, 2013.
Philippe GARNIER, *Infections nosocomiales et trou de la sécu, maux croisés de santé*, 2013.
Jean-Adolphe RONDAL, *La réhabilitation des personnes porteuses d'une trisomie 21*, 2013.
Annagrazia ALTAVILLA, *La recherche sur les cellules souches : quels enjeux pour l'Europe ?*, 2012.
Michel NADOT, *Le mythe infirmier*, 2012.

Jean-Claude Horvat

Le chercheur et le paralytique

Vers une réparation de la moelle épinière blessée

Les réponses d'un chercheur aux interrogations d'un paraplégique

L'Harmattan

Du même auteur

Paraplégie, espoirs et réalités de la recherche fondamentale et clinique. Lavoisier, Médecine Sciences publications, 2010.

Figures reproduites d'après *Paraplégie, espoirs et réalités de la recherche fondamentale et clinique*, © Lavoisier, Paris, 2010, avec autorisation.

5-7, rue de l'Ecole-Polytechnique, 75005 Paris

http://www.harmattan.fr
diffusion.harmattan@wanadoo.fr
harmattan1@wanadoo.fr

ISBN : 978-2-343-08749-8
EAN : 9782343087498

À David

Prologue

Marc, sympathique jeune homme de 21 ans, est devenu paraplégique à la suite d'un accident de la route. Il ne peut plus marcher. Ses deux jambes sont en effet totalement paralysées, sans mentionner bien d'autres déficiences fonctionnelles. La cause de cette paralysie se situe au niveau de sa moelle épinière, très gravement endommagée par la fracture d'une vertèbre thoracique au moment précis de l'accident. A première vue, étant paraplégique complet, ses chances de récupération motrice sont très faibles. Devra-t-il rester cloué à vie dans son fauteuil roulant ? Ou les progrès de la recherche lui permettront-il un jour de remarcher ?

Les lésions traumatiques sévères de la moelle épinière suppriment toute communication entre le cerveau et la partie sous-lésionnelle du corps. En ce qui concerne la seule motricité, la gravité de l'atteinte traumatique dépend étroitement de son niveau. Les lésions de la moelle épinière thoracique ou lombaire provoquent une paralysie des jambes mais non des bras (paraplégie), les lésions de la moelle épinière cervicale, surtout haute, déterminent une paralysie des quatre membres (tétraplégie), à laquelle peut se surajouter un très grave dysfonctionnement de la fonction respiratoire.

Pour la seule population française, on estime actuellement le nombre total de para-/tétraplégiques (prévalence) à environ 40/45.000 (soit l'équivalent de la population d'une ville comme Nevers), le nombre annuel de nouveaux cas (incidence) à 1200/1500. Les estimations varient cependant quelque peu selon les sources. Les plus touchés statistiquement sont des hommes, jeunes, sportifs, très actifs, usagers assidus du réseau routier, en excellente santé au moment de l'accident.

A la fin du XIXe siècle, l'espérance de vie d'un paraplégique était très courte, les tétraplégiques mouraient presque tous très rapidement. Aujourd'hui, la durée de vie des paraplégiques avoisine celle de la population générale, principalement grâce à la grande qualité des soins qui leur sont prodigués par un personnel de plus en plus compétent, performant et organisé. Grâce aussi au grand courage de ces patients et à leur farouche volonté de vivre le plus normalement possible.

En neurobiologie, de nombreux dogmes à la vie dure sont tombés l'un après l'autre au cours des dernières décennies. On a en effet longtemps estimé que de nouveaux neurones ne pouvaient être produits après la naissance, que les réseaux neuronaux étaient totalement rigides, que la repousse des fibres nerveuses, lésées dans le système nerveux central, n'était qu'abortive, infructueuse, vouée de toute façon à l'échec. Depuis, en revanche, une très large expérimentation chez l'animal a clairement mis en évidence de larges possibilités de récupération anatomique et fonctionnelle des réseaux de neurones, après une atteinte traumatique ou infectieuse. Ces expériences ont ainsi mis en relief une réelle plasticité du système nerveux central des mammifères adultes, insoupçonnée jusqu'alors.

Dans le domaine particulier de la traumatologie de la moelle épinière, des avancées récentes, importantes et prometteuses, obtenues chez l'animal, autorisent à présent leur transfert à des essais cliniques. Les résultats les plus marquants ont été obtenus par des stratégies très diverses : neutralisation des inhibiteurs de la régénération neuronale, transplantation de cellules embryonnaires, de cellules souches, de cellules olfactives, réactivation de la moelle épinière sous-lésionnelle, stimulation locomotrice, multi-thérapies, développement de la robotique et de la bionique, notamment au niveau de l'interface cerveau-machine.

Ces recherches de très haut niveau, pour certaines menées depuis plusieurs décennies déjà par quelques milliers de chercheurs de par le monde, restent en général fort mal connues et/ou fort mal comprises des handicapés médullaires, de leurs familles et de leurs amis, en dépit d'éclats médiatiques qui font paraître la nuit encore plus noire après qu'ils se soient éteints dans le flux continuel et brutal de l'information.

En visant préférentiellement les professionnels de ce domaine de la santé publique, j'avais, il y a quelques années, conçu et rédigé un ouvrage publié par les éditions Lavoisier en 2010 avec pour titre *Paraplégie. Espoirs et réalités de la recherche fondamentale et clinique* (Horvat 2010). Au fil du temps, il m'est apparu que ce manuel était probablement trop technique pour convenir à un très large public, celui-ci n'ayant pas nécessairement de connaissances particulières dans le domaine de la biologie en général et de la neurobiologie en particulier. Le présent ouvrage tente de combler cette lacune et surtout d'établir une véritable passerelle d'informations entre les handicapés et les chercheurs, pratiquement inexistante à ce jour. Quant à la forme, afin de donner plus de vie au récit, j'ai finalement opté pour un dialogue entre un paraplégique et un chercheur fondamentaliste spécialiste des traumatismes aigus de la moelle épinière. Marc est en fait le représentant, le porte-parole, de tous les handicapés médullaires. Il porte leurs interrogations et leurs espoirs. Mon expérience pédagogique d'enseignant-chercheur m'a constamment guidé dans la rédaction de ce livre, avec le souci constant d'être compris par tous. Ma grande récompense serait d'y avoir réussi.

Jean-Claude Horvat

1. La rencontre

La salle de conférences de l'université était, ce matin-là, remplie en totalité par une foule d'étudiants, de chercheurs, de médecins, de patients, de journalistes et de curieux venus assister à l'exposé très attendu du professeur Laurent Doutremont, s'exprimant dans le cadre d'un symposium international sur les stratégies de réparation des lésions traumatiques de la moelle épinière. En termes plus accessibles pour le grand public, il s'agissait d'envisager, par le biais de l'expérimentation animale, des solutions thérapeutiques permettant de réduire le handicap des paraplégiques et des tétraplégiques, victimes d'accidents de la route, du sport ou du travail. Marc était l'un de ces auditeurs, particulièrement motivé par le thème abordé ce jour là. D'office, on l'avait placé en avant même du premier rang…dans son fauteuil roulant. Marc était en effet devenu paraplégique à la suite d'un accident de la route. Le titre de l'exposé du conférencier était : *Partial motor recovery following an experimental spinal lesion in the adult rat*, heureusement sous-titré en français : *Récupération motrice partielle après lésion médullaire expérimentale. Etude chez le rat adulte.* Marc savait qu'il faudrait « s'accrocher » car ses connaissances dans ce domaine étaient très faibles, sinon proches de zéro. Epreuve supplémentaire, l'exposé était en anglais, réunion internationale oblige, ce qu'il n'avait absolument pas prévu, lui qui dominait très mal la langue de Shakespeare. Tant bien que mal il finit par saisir l'essentiel du message mais il admettait difficilement que le rat puisse lui être supérieur en termes de récupération de la fonction motrice perdue. A l'issue de l'exposé les questions fusèrent de la part de l'auditoire. Il s'enhardit lui-même à poser une question qui lui brûlait la langue…mais il le fit dans la langue de Molière !

Bonjour, je m'appelle Marc. Comme vous pouvez le constater, je suis paraplégique. Je voudrais seulement demander au conférencier comment on peut expliquer cette différence entre le rat, qui retrouve sa motricité perdue, et moi qui reste cloué dans ce fauteuil. A part quelques scoops médiatiques rapidement balayés, je ne vois pas de progrès réellement déterminants de la recherche pour nous sortir de notre handicap, nous les paras et tétras, comme on nous appelle parfois.

Cher Marc, je voudrais vraiment infléchir votre pessimisme que je comprends par ailleurs complètement. Mais sachez que, de par le monde, ce sont quelques milliers de chercheurs fondamentalistes et cliniciens qui s'attellent avec ardeur, conviction et compétence à ce grand problème de santé publique. Des résultats très encourageants ont d'ores et déjà été obtenus chez l'animal. Le problème est ardu car il s'agit, *a priori*, de tenter de rétablir les milliers de connexions perdues avec la plus grande efficacité fonctionnelle possible. Ne perdez surtout pas l'espoir. Je vous souhaite beaucoup de courage et vous remercie pour votre judicieuse question qui traduit vos très compréhensives interrogations.

Contre toute attente, pendant que le public se dispersait, Laurent Doutremont s'approcha du fauteuil roulant de Marc.

J'aimerais faire quelque chose pour vous. Si vous en êtes d'accord, nous pourrions convenir de vous recevoir dans mon laboratoire, disons une fois par semaine, afin que mes collaborateurs et moi-même vous exposions, de la façon la plus simple et la plus claire possibles, les recherches qui sont actuellement menées dans le monde entier dans le domaine des atteintes traumatiques de la moelle épinière. Soyez rassuré, cette démarche n'est pas entièrement désintéressée de ma part, car je voudrais très sincèrement établir une véritable passerelle entre les chercheurs et les paraplégiques. Il y va de l'intérêt bien compris des uns comme des autres.

Entre le chercheur que vous êtes et le paralytique que je suis ? Tout à fait d'accord, monsieur le professeur. Votre proposition me touche beaucoup.

2. Rendez-vous au laboratoire de recherche

Merci, Marc, d'être présent en temps et en heure à ce premier rendez-vous. Vous n'avez pas eu trop de mal à « grimper » jusqu'à mon labo ?

Non, les lieux sont plutôt bien aménagés pour des handicapés comme moi, ce qui est loin d'être toujours le cas. Entre autres commodités : parking réservé pour ma voiture aux commandes adaptées à mon handicap, rampes d'accès jusqu'aux ascenseurs, larges portes.

Oui, je sais et je m'en réjouis. Eh bien permettez-moi de me présenter tout d'abord. Je m'appelle Laurent Doutremont, je suis professeur des universités (eh oui, au pluriel, c'est la dénomination officielle) c'est-à-dire que j'ai le double statut d'enseignant et de chercheur. A ce double titre, d'une part j'enseigne la biologie générale aux étudiants de cette université et d'autre part j'effectue des recherches fondamentales sur les atteintes traumatiques de la moelle épinière. Je dispose pour cela d'un laboratoire dans lequel vous vous trouvez actuellement, et je dirige une équipe de recherche composée principalement d'universitaires et de quelques chercheurs dépendant du CNRS (*Centre National de la Recherche Scientifique*). Nous encadrons tous des « doctorants », étudiants et même médecins, qui préparent une thèse d'université.

N'êtes-pas vous-même médecin ?

Non, comme beaucoup de chercheurs dans ce domaine. Mais certains collègues, ayant une formation médicale, consacrent aussi tout leur temps à la recherche, soit fondamentale, soit clinique, le plus souvent au sein d'unités de l'INSERM (*Institut National de la Santé Et de la Recherche Médicale*). Pour notre part, nous sommes des neurobiologistes strictement fondamentalistes, c'est-à-dire que nous cherchons à comprendre, essentiellement chez l'animal, les processus cellulaires et moléculaires déclenchés par la lésion médullaire et à proposer ensuite des solutions thérapeutiques susceptibles d'être transférées à l'homme, dans un premier temps au niveau d'essais cliniques totalement encadrés par le corps médical. Voilà, très brièvement, ce qui me concerne personnellement. Mais à présent, Marc, je suis impatient de connaître votre cheminement personnel.

Très volontiers. J'ai 21 ans et suis étudiant en sociologie. Il y a deux ans, des amis m'ont invité à participer à une balade en quad en Normandie. Je suis plutôt sportif mais je n'avais jamais pratiqué ce genre de sport. Qu'importe, me disais-je, tentons l'aventure. Sur ma demande, mes amis me confient l'un de leurs quads pour un essai de conduite. Grisé par l'ambiance de cette belle journée de juillet, je pilote l'engin avec un peu trop d'assurance, conduis sans doute beaucoup trop vite et ne parviens pas à négocier un virage particulièrement serré. Le quad dérape et se retourne sur moi dans le fossé. Je suis sonné mais ne perds pas connaissance. Je tente de me dégager mais mes jambes, insensibles, ne répondent plus à ma volonté. Je ne trouve pas mon portable pour prévenir mes amis. Bien sûr j'imagine qu'ils sont partis à ma recherche mais l'attente me paraît une éternité. Enfin ils sont là, totalement désemparés. De leurs téléphones portables ils pensent néanmoins à appeler les secours qui arrivent sur les lieux un quart d'heure plus tard. Le quad est retourné avec d'infinies précautions. Le médecin du SAMU m'examine avec minutie, me pique avec une aiguille, en dessous du nombril précise-t-il. Je ne sens rien. Il me fait constater mon impossibilité à bouger mes jambes. On me pose un masque à oxygène puis tout un nécessaire de perfusion. On me dépose ensuite très délicatement sur un matelas adapté. Compte tenu de mon état, qui doit être sérieux, le médecin ordonne un transport en hélicoptère vers l'hôpital le plus proche, qui a déjà été prévenu. A l'hôpital, nouvel examen neurologique, plus approfondi, radios, scanner ou IRM, je ne sais pas au juste. Après quelque temps d'une attente angoissée, le diagnostic tombe, terrifiant. La moelle épinière a été gravement endommagée par une importante fracture de la 9ème vertèbre thoracique. Je ne pourrai sans doute plus jamais remarcher. Je suis effondré, abasourdi et ne réalise pas encore très bien ce qui m'arrive. Ce que je crois comprendre, c'est que je vais être opéré sans délai, pour un réalignement de la colonne vertébrale et une décompression de la moelle épinière. Au réveil mes jambes sont toujours aussi insensibles et inertes. Au fil des jours, je réalise que je suis totalement dépendant de l'équipe soignante, pour ma toilette et mes besoins physiologiques, notamment. Après quelques semaines passées dans le service de réanimation, je suis transféré vers un centre de rééducation spécialisé. Je garde un petit espoir…

Je serai très bref sur cette période de ma vie, sur les trop nombreux mois passés successivement dans plusieurs centres de rééducation, en passant d'une dépendance quasi totale à un tout petit début d'autonomie. Une magnifique et empathique description de la vie dans ces centres en a été faite par Fabien Marsaud (alias « Grand Corps

Malade ») dans son petit livre « Patients ». Comme lui, je voudrais seulement rendre hommage au profond dévouement et à la grande compétence du personnel médical et paramédical, aides-soignantes, infirmières et infirmiers, kinés, ergothérapeutes, psychologues, médecins neurologues et médecins rééducateurs de ces centres. Ma reconnaissance est immense. La présence amicale de la plupart de mes copains et l'amour et la tendresse sans faille de mes parents et de ma douce amie Catherine, ont été un réconfort permanent.

Merci, Marc, pour ce très beau témoignage qui nous émeut tous. C'est en fait surtout Patrick, ici présent, qui va vous prendre en charge. Patrick est maître de conférences de cette université. Enseignant-chercheur comme je le suis moi-même, il a largement contribué aux travaux que j'ai exposés lors du symposium international auquel vous avez assisté récemment. Il a une grande expérience pédagogique et je ne doute pas un seul instant qu'il saura vous mettre à l'aise et vous faire partager son enthousiasme pour la recherche.

J'en suis tout à fait persuadé, professeur, et je tiens à vous remercier très chaleureusement, vous-même et toute votre équipe, pour cette belle opportunité que vous m'offrez.

3. Qu'est-ce que la paraplégie, exactement ?

Merci infiniment, monsieur, de bien vouloir me consacrer une partie de votre temps si précieux. Cela me touche beaucoup.

Vous savez, Marc, je n'ai que quelques années de plus que vous. Et puis, dans notre métier, la coutume est de nous appeler par nos prénoms, quelle que soit notre fonction. Je vous propose de m'appeler Patrick, tout simplement.

Tout à fait d'accord, monsieur le Maître de conférences !

Je constate, Marc, que vous avez un sens aigu de l'humour. Je pense que nous allons bien nous entendre.

J'en suis également convaincu.

Voilà la façon dont je pense procéder, si vous en êtes d'accord. Je développerai de la façon à la fois la plus simple et la plus compréhensible possible les points suivants : 1) qu'entend-on exactement par le terme « paraplégie » ? ; 2) notions simples mais fondamentales de neurobiologie concernant la formation, l'organisation et le fonctionnement du système nerveux ; 3) une réparation spontanée de la moelle épinière lésée est-elle possible ? ; 4) les objectifs et les outils méthodologiques de la recherche fondamentale ; 5) les stratégies de la recherche fondamentale ; 6) la recherche clinique ; 7) la contribution de la recherche dans les progrès de la prise en charge à long terme des paraplégiques.

Afin que vous vous fassiez une idée la plus précise possible des méthodes de travail des chercheurs et de la manière dont ils rendent compte de leurs résultats, je serai amené à détailler certains protocoles expérimentaux de façon relativement détaillée. Pour en savoir plus, si vous le souhaitez, je vous donnerai, au fur et à mesure de mon exposé, des fiches explicatives complémentaires, riches en informations nouvelles, certes, mais nullement indispensables à la compréhension d'ensemble. Je vous signalerai au passage quelques références bibliographiques et la manière de les exploiter sur internet si vous le souhaitez. Je complèterai le tout par un petit glossaire (termes signalés dans le texte par un astérisque). Et, bien sûr, je m'efforcerai de répondre à toutes vos questions.

Cela me convient tout à fait, Patrick. Mais au fait, qu'est-ce que la paraplégie, exactement ?

Qu'appelle-t-on paraplégie ?

Je vais tenter de vous l'expliquer. Imaginez une autoroute, avec sa circulation à double sens. Un petit avion de tourisme s'y écrase et détruit un point précis de cette voie routière, dans les deux sens de circulation. Vous comprendrez aisément que le flux des automobiles y est interrompu instantanément. Dans la moelle épinière, ce sont des millions d'influx nerveux, tant moteurs (descendants, provenant du cerveau) que sensitifs (ascendants, se dirigeant vers le cerveau), qui sont instantanément stoppés par une atteinte traumatique sévère et localisée. Les messages nerveux ne passent plus et, pour ne parler que de la seule motricité, les muscles sous-lésionnels sont totalement déconnectés du cerveau. Ils ne peuvent plus être commandés volontairement et restent parfaitement inertes. Ils sont paralysés. L'extension de cette paralysie dépend du niveau de la blessure. Si la lésion concerne la moelle épinière cervicale haute, bras et jambes sont paralysés : on parle de tétraplégie.

Comme dans le remarquable et surprenant film « Les Intouchables » ? Pour ma part, j'ai adoré ce film, traitant d'un sujet grave avec pudeur, délicatesse, humour, empathie, amour de la vie, sans aucun effet mélodramatique.

Oui, je partage tout à fait votre avis sur ce film. Mais je poursuis. Si l'atteinte traumatique touche la moelle épinière thoracique ou la moelle épinière lombaire, seules les jambes sont paralysées. C'est apparemment votre cas. On parle de paraplégie au sens strict, ce terme pouvant s'appliquer aussi, bien qu'il s'agisse d'un abus de langage, à toutes les lésions de la moelle épinière, quel qu'en soit le niveau.

Malheureusement les paralysies ne sont pas les seules séquelles post-traumatiques. Comme vous le savez parce que vous le vivez vous-même, s'y ajoutent une perte de la sensibilité cutanée sous-lésionnelle, divers troubles touchant les fonctions urinaires, anales et génitales, des contractions musculaires incontrôlées (spasticité*), des douleurs et, dans le cas de lésions touchant la moelle épinière cervicale très haute, des perturbations respiratoires d'une extrême gravité.

C'est le cas de « Superman », je crois savoir. Quelle terrifiante descente aux enfers !

Effectivement, c'est exactement celui de l'acteur Christopher Reeve, alias *Superman*, tétraplégique par lésion cervicale haute à la suite d'une chute de cheval. J'ai assisté avec une émotion extrême, à l'université de Montréal, à l'une de ses interventions parlées (avec quelle difficulté !) pour soutenir son association d'aide aux blessés médullaires (la *Christopher and Dana Reeve Foundation*). Trois ans avant sa disparition, en fauteuil roulant ultrasophistiqué et sous assistance respiratoire, il avait encore le courage de délivrer, non sans humour ce qui le rendait pathétique, un message d'espérance et d'empathie.

L'autoroute endommagée que j'évoquais il y a quelques instants pourra être réparée et la circulation rétablie ce qui, hélas, n'est pas encore tout à fait le cas pour la moelle épinière blessée, bien que les recherches actuelles soient encourageantes et autorisent un espoir raisonnable, dans un délai qui ne peut cependant pas encore être précisé.

En fait, les conséquences d'une lésion sévère de la moelle épinière ont été observées et décrites depuis la plus haute antiquité. Les plus remarquables de ces observations ont été consignées dans un très célèbre papyrus de 14 mètres de long, le papyrus dit d'Edwards Smith, récupéré dans une tombe de Thèbes. Dans ce véritable traité de chirurgie figure la description très précise de 48 cas de blessures à la tête, avec diagnostic et traitement, lorsque celui-ci était possible. Le cas 31 est particulièrement instructif : à la suite d'une dislocation des vertèbres du cou, le blessé était paralysé des quatre membres.

Je ne vous parlerai ici que des lésions traumatiques, accidentelles, de la moelle épinière qui, hélas, touchent le plus souvent des sujets jeunes et en pleine santé, comme c'est votre cas. Mais il ne me paraît pas inutile de mentionner au passage, pour mémoire, les atteintes purement pathologiques de cette moelle qui ont pour noms poliomyélite*, sclérose latérale amyotrophique* (SLA) ou maladie de Charcot, sclérose en plaques* (SEP), syringomyélie*.

A la fin du XIXe siècle, l'espérance de vie d'un paraplégique était très courte, les tétraplégiques mouraient presque tous très rapidement. De nos jours la durée de vie des paraplégiques avoisine celle de la population générale grâce aux progrès de l'hygiène et de la qualité des soins, et aussi au remarquable courage et à la volonté de vivre le plus normalement possible de la majorité de ces patients. La plupart parviennent d'ailleurs à mener une vie quasi autonome, notamment en conduisant un véhicule adapté à leur handicap, ce qui est votre cas. Certains assument même de très lourdes responsabilités professionnelles, voire politiques tel le ministre allemand des finances Wolfgang Schäuble. D'autres s'expriment à travers le handisport (qui comporte actuellement de très nombreuses disciplines) en réalisant parfois d'incroyables exploits, à l'instar de la belge Vanessa François escaladant, à 41 ans, les parois rocheuses d'El Capitan au Yosemite Park, en Californie.

Oui, comme tous mes frères handicapés, j'ai une farouche volonté de vivre, le plus longtemps possible et dans les meilleures conditions, en dépit de certaines contraintes physiologiques inévitables qu'il faut apprendre à gérer. Plus modestement que Vanessa François, je continue à jouer au tennis avec des compagnons d'infortune. Nous sommes assis dans des fauteuils adaptés, aux roues inclinées. Nous nous amusons beaucoup !

Savez-vous, Patrick, que l'un des plus anciens handisports est le basket-ball en fauteuil roulant, dénommé aussi basket fauteuil ou handibasket. Il a vu le jour, aux Etats-Unis, à la fin de la seconde guerre mondiale et est discipline paralympique depuis 1960. Je rêve de m'y adonner !

Mais au fait, combien y-a-t-il de paraplégiques et de tétraplégiques en France ? Comment sont-ils répartis en fonction de leur âge, de leur sexe, de la cause de l'accident ?

Vous voulez des données statistiques, en somme. Excellente suggestion à laquelle je peux vous répondre avec précision.

Données statistiques

Pour la France, les statistiques font état de 1200 à 1500 nouveaux cas d'atteintes traumatiques de la moelle épinière par an (on appelle cela l'incidence) pour un total très approximatif de 40/45.000 paraplégiques et tétraplégiques (prévalence). Une étude française de l'*Institut pour la Recherche sur la Moelle Epinière* (IRME), faite en 2005, a porté sur 417 patients dont 317 hommes et 100 femmes (soit trois fois plus d'hommes que de femmes). La moyenne d'âge était de 32 ans. La plupart des patients avaient entre 18 et 35 ans.

Les tableaux que je vous présente (fiche 1) donnent, pour cette étude, les pourcentages de para/tétraplégies en fonction du type et du niveau de lésion, de la cause de l'accident, de la tranche d'âge. Ces estimations varient quelque peu en fonction des pays et de la période prise en compte.

La sécheresse de ces résultats ne mentionne évidemment pas les conséquences dramatiques, à la fois psychologiques, sociales et professionnelles pour le blessé médullaire, financières pour la société. Aux Etats-Unis, le coût financier total pour un homme de 25 ans a été estimé, en 2006, entre 1 et 3 millions de dollars selon la gravité de la lésion.

Fiche 1. *Para-/tétraplégies : études statistiques (France, IRME 2005)*

Type et niveau de lésion	Pourcentage
Tétraplégies incomplètes	17,7
Tétraplégies complètes	20,6
Paraplégies incomplètes	13,2
Paraplégies complètes	48,5
Causes des lésions	**Pourcentage**
Accidents de la route	53,3
Chutes, accidents du travail	21,8
Sport et loisirs	10,1
(surtout plongeons en eau peu profonde)	
Violences (arme à feu, arme blanche)	1,2
Tentatives de suicide et autres causes	13,6
Tranche d'âge	**Pourcentage**
18-25 ans	26,4
26-35 ans	24,3
36-45 ans	17,3
46-60 ans	22,6
+ de 60 ans	9,4

Si je comprends bien, mon cas personnel se situe dans une catégorie a priori particulièrement exposée.

Effectivement, dans la mesure où, au moment de votre accident, vous étiez un homme, jeune, sportif et très actif…et que vous circuliez volontiers sur les belles routes de France ! A la semaine prochaine…

4. Notions de neurobiologie pour les non-initiés

Vous savez, Marc, pour bien comprendre les différentes stratégies thérapeutiques menées, surtout depuis quelques décennies, pour tenter de réparer la moelle épinière blessée, quelques rappels concernant la formation, l'organisation et le fonctionnement du système nerveux ne me paraissent pas superflues. A moins que les connaissances que vous n'avez pas manqué d'acquérir dans les classes terminales de notre excellent enseignement secondaire ne vous paraissent suffisantes !

Euh...je vous en prie, Patrick, faites comme si j'avais tout oublié.

A votre aise, Marc. Commençons par le développement, qui est en tous points remarquable.

Comment se forme le système nerveux

Comme vous le savez, l'origine de la totalité de l'organisme est l'œuf, cellule unique qui résulte de la fusion (fécondation) d'un spermatozoïde paternel avec un ovule maternel, chacune de ces cellules apportant 23 chromosomes, supports de notre hérédité. Par conséquent l'œuf humain renferme 46 chromosomes, plus précisément 23 paires de chromosomes. Cet œuf se divise par un processus appelé *mitose** au cours duquel les chromosomes sont dupliqués et répartis de façon rigoureusement égale dans les deux cellules filles. Puis ce processus se répète, les différentes cellules acquièrent progressivement des caractéristiques sensiblement différentes (processus de différenciation) et l'embryon commence à prendre forme : il s'allonge, accroît sa masse, acquiert une symétrie bilatérale, une région antérieure, une région postérieure, une face dorsale, une face ventrale. L'embryon est alors parvenu au stade *neurula*, stade très important pour notre propos car il correspond au début de la formation du système nerveux dit *central*.

Celui-ci se forme dorsalement, selon un axe antéropostérieur, à partir du feuillet cellulaire dorsal dénommé ectoderme. Ce feuillet s'épaissit, ses bords se soulèvent en formant tout d'abord une gouttière, puis se soudent en un tube dit neural qui s'isole de l'ectoderme sus-jacent (celui-ci donnera notamment du tégument, c'est à dire de la peau). Ce tube est à l'origine de l'ensemble du système nerveux central). La partie antérieure se renfle et s'étrangle de façon complexe en donnant progressivement naissance aux différentes parties du cerveau, plus correctement de l'*encéphale** : *hémisphères cérébraux** (cerveau au sens strict), particulièrement développés dans l'espèce humaine, *thalamus** et *hypothalamus**, *cervelet**, *tronc cérébral** (incluant le *bulbe rachidien**). Par la suite, suivant en cela l'usage populaire et courant qui en est fait, et bien qu'il s'agisse d'un abus de langage, je confondrai sans état d'âme les termes cerveau et encéphale. En arrière de ce cerveau donc, et en parfaite continuité avec lui, le tube nerveux se différencie en moelle épinière. Ce début du développement embryonnaire est commun à tous les vertébrés, des poissons aux mammifères, en dépit de modalités quelque peu différentes.

A quel moment du développement embryonnaire humain se situe le début de la formation du système nerveux, début correspondant au stade neurula si j'ai bien compris ?

Très tôt, dès la troisième semaine (sur une durée totale de gestation de 9 mois). Mais chez le poussin c'est beaucoup plus tôt encore, dès la 24ème heure (sur une durée totale de développement, jusqu'à l'éclosion, de 21 jours).

De par son mode de formation, le *système nerveux central* (SNC), encore appelé *névraxe*, c'est-à-dire axe nerveux, apparaît donc comme fondamentalement creux, ses cavités étant les ventricules pour le cerveau et le canal central (ou canal de l'épendyme) pour la moelle épinière. Ces cavités communiquent entre elles et sont remplies d'un liquide (liquide céphalorachidien, en abrégé LCR) qui circule d'avant en arrière. Le cerveau est protégé par la boîte crânienne, la moelle épinière par le canal rachidien, délimité par l'ensemble des vertèbres. Entre cette protection osseuse et le système nerveux central, les *méninges** occupent un espace où circule également le liquide céphalo-rachidien.

Le *système nerveux périphérique* (SNP) est principalement constitué par des nerfs crâniens, issus du cerveau, et par des nerfs rachidiens, partant de la moelle épinière, nerfs qui se rendent aux différents organes périphériques, récepteurs sensoriels et muscles. Subtilement imbriqué entre ces deux systèmes, siège le *système nerveux* dit *autonome** ou *sympathique*, formé par des centres nerveux, inclus dans le névraxe, et des nerfs sympathiques et parasympathiques. Ce système autonome préside à l'activité des viscères, notamment du cœur, des poumons et du tube digestif.

Et les neurones, dans tout cela ?

N'ayez crainte, j'y viens tout naturellement. Comme tout le monde, vous avez entendu parler non seulement des neurones mais aussi des hormones*, des vitamines, de l'adrénaline, des chromosomes, de l'ADN (ce dernier terme étant à présent mis à toutes les sauces), sans toujours bien savoir ce que ces mots signifient précisément. Ces termes, proposés à l'origine par des scientifiques à différents moments de la recherche biomédicale, ont rapidement fait fortune en raison de leur simplicité, de leur consonance heureuse, de leur facile mémorisation, et par le fait qu'ils concernent la vie et la santé de tout un chacun.

Le neurone

Le neurone est l'acteur principal, mais non unique, de l'activité nerveuse. Le système nerveux humain en comporterait environ 100 milliards, ce qui correspondrait au nombre d'étoiles présentes dans notre galaxie ! Les neurones ont bien entendu pour origine la première cellule de l'organisme, l'œuf, à travers une impressionnante série de divisions cellulaires.

Le neurone est une cellule hautement différenciée, à très forte personnalité pourrait-on dire, constituée par un corps cellulaire renfermant le noyau, détenteur de l'information génétique, et de deux types de prolongements cytoplasmiques, les *dendrites**, le plus souvent courtes, nombreuses et fortement ramifiées, et l'*axone**, qui peut dépasser le mètre, comme dans le cas du motoneurone (figure 1). Comme pour toute cellule, l'ensemble du neurone est délimité par une membrane plasmique, qui le sépare du milieu extérieur, et rempli d'une substance fondamentale, le cytoplasme, renfermant de nombreux organites.

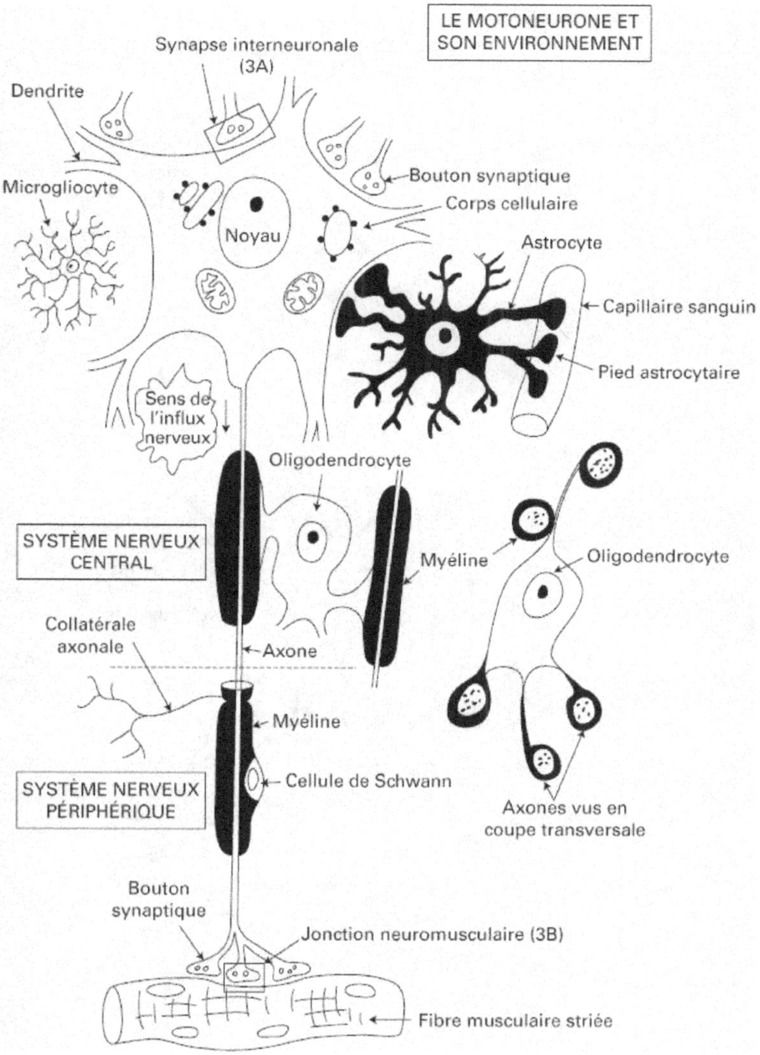

Figure 1. *Le motoneurone et son environnement*

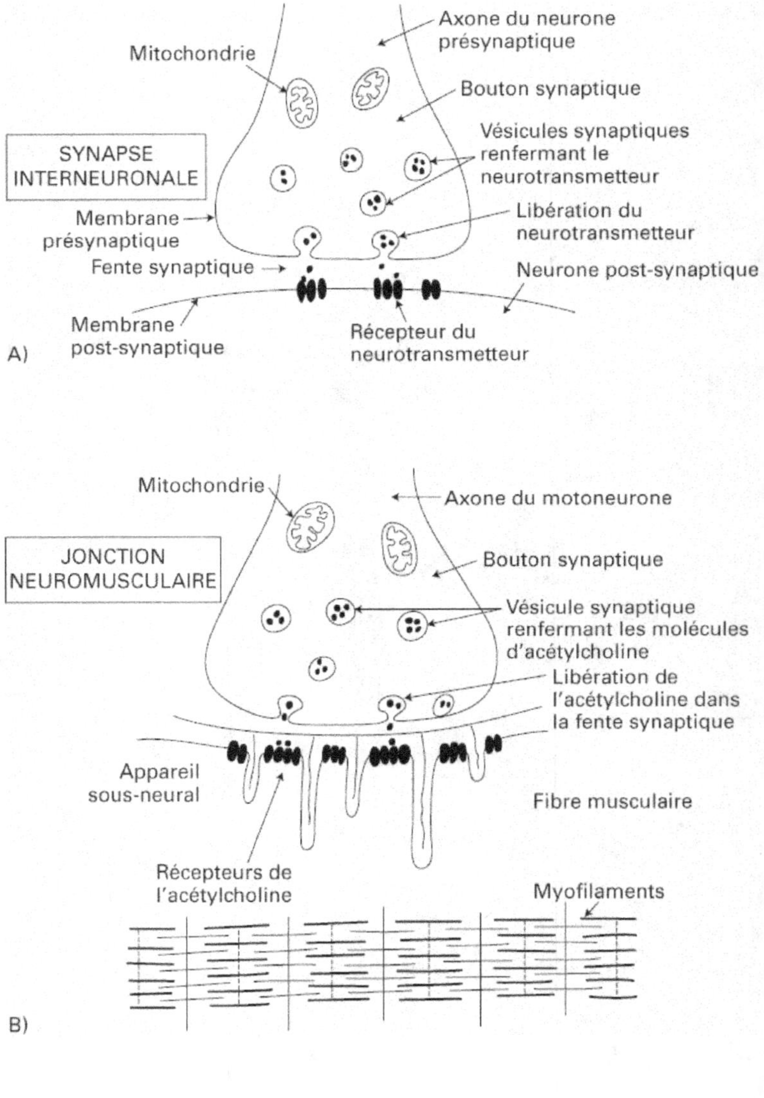

Figure 2. *A. Synapse entre deux neurones. B. Jonction neuromusculaire*

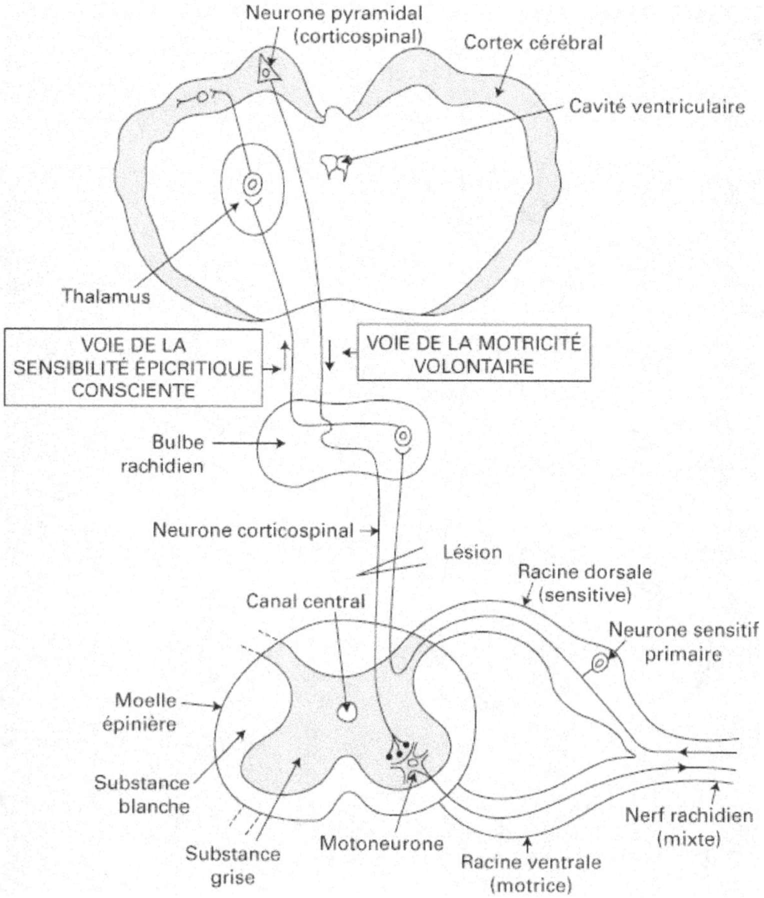

Figure 3. *Schéma, simplifié à l'extrême, de deux voies nerveuses essentielles reliant le cerveau et la moelle épinière : voie descendante de la motricité volontaire et voie ascendante de la sensibilité épicritique consciente. En visionnant ce schéma, on comprend aisément qu'une lésion sévère localisée de la moelle épinière (site marqué « lésion ») supprime toute connexion entre le cerveau et la moelle épinière. Il en résulte ipso facto qu'il y aura abolition de la motricité volontaire et de la sensibilité consciente en dessous du niveau lésionnel.*

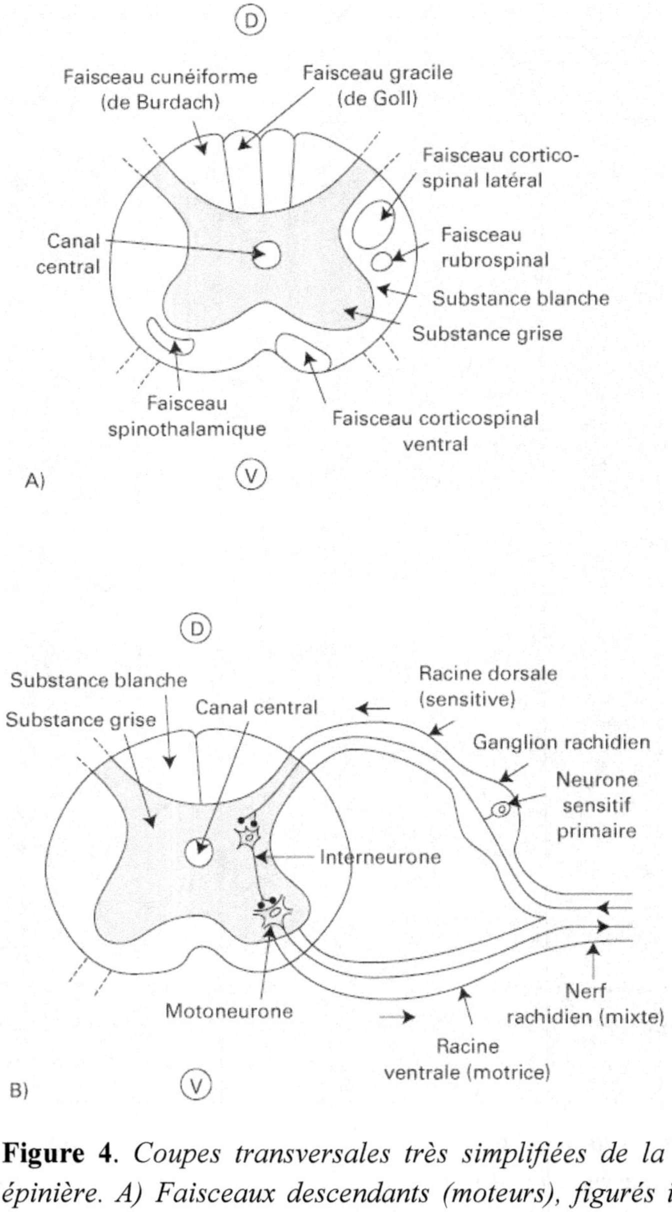

Figure 4. *Coupes transversales très simplifiées de la moelle épinière. A) Faisceaux descendants (moteurs), figurés ici seulement à droite, et faisceaux ascendants (sensitifs), figurés ici seulement à gauche. B) Chaîne neuronale rendant compte du réflexe médullaire (explications dans le texte).*

Le neurone est une cellule excitable et conductrice, le long de son axone, de signaux de nature bioélectrique, *l'influx nerveux**, à une vitesse qui peut atteindre 100 mètres par seconde dans le meilleur des cas. Parvenu à l'extrémité de l'axone, l'influx nerveux provoque la sécrétion d'une, voire de plusieurs substances chimiques spécifiques appelées *neurotransmetteurs**. Vous connaissez au moins l'adrénaline, je suppose. Ces neurotransmetteurs sont libérés au niveau de zones de contact formées soit avec les dendrites d'autres neurones, soit avec des cellules musculaires, glandulaires ou sensorielles. Ces zones de contact sont appelées des *synapses**. Dans le cas de la synapse (ou jonction) neuromusculaire, le neurotransmetteur est l'*acétylcholine**. Libérée dans l'espace synaptique, cette molécule, en agissant de façon complexe sur la membrane plasmique musculaire, est susceptible d'induire la naissance d'un influx musculaire (en plus savant : potentiel d'action musculaire) qui, en se propageant, provoque une contraction musculaire. Dans le cas d'une synapse entre deux neurones, le neurotransmetteur sert d'intermédiaire à la transmission du message du neurone A au neurone B (figure 2).

Comme dans le cas d'une automobile traversant une rivière à bord d'un bac, la voiture représentant l'influx nerveux et le bac le neurotransmetteur !

Je vous laisse l'entière responsabilité de cette comparaison quelque peu hasardeuse, mon cher Marc !

Le neurone est en outre en relation, en quelque sorte fusionnelle, avec des compagnes inséparables et incontournables, les *cellules gliales*, beaucoup plus nombreuses que les neurones.

Si je vous ai bien compris, les neurones seraient en quelque sorte polygames ?

Je vous reconnais bien là, Marc. C'est une manière de voir les choses qui ne manque effectivement pas d'humour. Plus sérieusement les fonctions essentielles du neurone, en étroite collaboration avec les cellules gliales, sont l'intégration et la propagation des messages nerveux. Cette transmission est de nature bioélectrique au niveau des dendrites et de l'axone, et biochimique au niveau des synapses. Au total les neurones forment entre eux des réseaux d'une complexité qui défie l'imagination.

L'usine où sont fabriqués la plupart des constituants moléculaires de la cellule, notamment les grosses molécules ou macromolécules, est localisée dans le cytoplasme qui entoure le noyau. Dans le cas du neurone, certains de ces constituants, voire certains organites cellulaires, sont acheminés le long de l'axone, jusqu'à ses terminaisons, par un système de transport bidirectionnel hautement sophistiqué appelé transport axonal. On distingue ainsi : 1) un transport antérograde lent (de 0,1 à 2 millimètres par jour) qui achemine les éléments du *cytosquelette** (la charpente de l'axone) du corps cellulaire aux terminaisons axonales ; 2) un transport antérograde rapide (de 100 à 400 millimètres par jour) convoyant différents matériaux et molécules le long de véritables rails, les *microtubules* ; 3) un transport rétrograde rapide (de 100 à 200 millimètres par jour) ramenant des déchets cellulaires divers, des terminaisons vers le corps cellulaire où ils seront totalement dégradés. C'est également un transport rétrograde de signaux moléculaires particuliers qui renseigne le corps cellulaire du neurone de ce qui se passe en aval, notamment en cas de lésion de l'axone.

A ce propos, il convient de remarquer les grandes différences de vitesse de propagation de phénomènes sans commune mesure que sont 1) le transport axonal : au plus 400 millimètres par jour ; 2) l'influx nerveux : au mieux 100 mètres par seconde ; 3) la vitesse du courant électrique, voisine de celle de la lumière soit 300.000 kilomètres par seconde.

L'ordinateur est donc infiniment plus rapide que notre cerveau !

Oui mais notre cerveau est des millions de fois plus complexe que le plus sophistiqué des ordinateurs !

Les cellules gliales

Parlons à présent de ces incontournables compagnes des neurones que sont les *cellules gliales*. Ces cellules ont été longtemps méprisées, au mieux considérées comme des entités subalternes assurant la protection et la nutrition de ces princes du système nerveux central qu'étaient les neurones. Le terme de *colle nerveuse* (en anglais *nerve glue*) qu'on leur a donné au XIXe siècle, lors de leur découverte, avait, il faut le reconnaître, une consonance franchement péjorative.

J'avoue que j'ignorais totalement leur existence !

Ces cellules, très variées, concourent en réalité à la réalisation d'une propagation optimale des messages nerveux. Compte tenu de l'importance de leur intervention dans les réactions cellulaires consécutives à un traumatisme de la moelle épinière, il me paraît indispensable de leur consacrer un peu de temps.

Les cellules gliales du système nerveux central (encéphale et moelle épinière) ont pour doux noms *astrocytes*, *oligodendrocytes, cellules épendymaires* ou *épendymocytes*, et cellules de la *microglie* ou *microgliocytes*. Les cellules gliales du système nerveux périphérique (les nerfs) sont les *cellules de Schwann* (figure 1).

J'ignorais également tous ces termes barbares. Sont-ils vraiment nécessaires à la bonne compréhension de ce qui va suivre ?

Absolument Marc, ce sont des acteurs de toute première importance, tant dans le fonctionnement normal que dans les atteintes pathologiques ou traumatiques du système nerveux central. Je commencerai par les astrocytes, si vous voulez bien.

Les astrocytes sont de petites cellules étoilées, d'où leur nom. Leurs nombreux prolongements, fins et sinueux, se terminent en pieds élargis sur les neurones, les capillaires sanguins ou à la surface du système nerveux central. Ils communiquent entre eux en formant un vaste réseau interstitiel entre les neurones. Ils contrôlent de ce fait les échanges entre le sang et le tissu nerveux, participant ainsi au maintien de ce qu'on appelle la *barrière hémato-encéphalique** (BHE). Leur cytoplasme renferme des filaments associés en faisceaux, les *gliofilaments*. Ces filaments deviennent surabondants au niveau d'une lésion du système nerveux central. Ces astrocytes dits « réactifs » sont *a priori* fortement inhibiteurs d'une réparation nerveuse fonctionnelle.

Ce qui voudrait dire que ce sont ces cellules, devenues en quelque sorte diaboliques, qui pourraient être responsables de mon handicap !

A tout le moins en partie, oui. Mais nous verrons cela plus tard. Autre type de cellules gliales, les oligodendrocytes. Ces cellules sont majoritairement localisées dans la substance blanche du cerveau et de la moelle épinière. Ils forment, autour des axones, un manchon de *myéline** à forte teneur en lipides, qui isole ces axones les uns des autres et permet une conduction de l'influx nerveux particulièrement rapide et d'une grande efficacité. Cette conduction est dite *saltatoire**, c'est-à-dire en sauts de puce successifs. C'est la myéline qui donne sa couleur à la substance blanche.

Les cellules épendymaires tapissent les cavités de l'encéphale (ventricules) et de la moelle épinière (canal central ou épendymaire). Par les mouvements de leurs cils, elles assurent la circulation du liquide céphalo-rachidien dans ces cavités.

Les cellules microgliales sont de petites cellules à corps cellulaire ovoïde d'où partent des prolongements sinueux et ramifiés. Elles ont une origine embryologique différente de celle des autres cellules gliales. Elles proviennent en effet de la transformation de certains globules blancs, les *monocytes* (voir plus loin fiche 2), qui pénètrent dans le système nerveux embryonnaire avant l'établissement de la barrière hémato-encéphalique. Ces cellules sont en fait des acteurs importants du système immunitaire. Elles sont ordinairement en repos mais, à la faveur d'une lésion du système nerveux central, elles peuvent se multiplier et se transformer en *macrophages*, c'est-à-dire en cellules migrantes douées de propriétés phagocytaires.

Les cellules de Schwann sont les cellules gliales des nerfs périphériques. Les plus caractéristiques sont *myélinisantes*, c'est-à-dire qu'à l'instar des oligodendrocytes vus précédemment, elles élaborent une gaine lipidique de myéline autour des axones des nerfs périphériques, mais selon des modalités quelque peu différentes. Contrairement aux cellules gliales des centres nerveux, les cellules de Schwann « dénervées », c'est-à-dire ayant perdu tout contact avec les axones, favorisent la repousse d'axones endommagés. Cette remarquable propriété sera très largement commentée par la suite.

Mais comment toutes ces cellules sont-elles organisées entre elles ? Elles forment un genre de tissu, j'imagine.

Le tissu nerveux

Vous avez tout à fait raison. Mais le tissu nerveux central et le tissu nerveux périphérique ont des structures totalement différentes. Précisons. Le tissu nerveux central est constitué de substance grise et de substance blanche. La substance grise est soit en position superficielle (cortex cérébral), soit en position profonde (moelle épinière). C'est exactement l'inverse pour la substance blanche. La substance grise comprend les corps cellulaires des neurones, leurs dendrites et la totalité ou le seul segment initial de leur axone, les synapses, divers types de cellules gliales et des capillaires sanguins. La substance blanche doit son nom à sa richesse en myéline. Elle est formée de faisceaux d'axones, dont beaucoup sont myélinisés, de cellules gliales, notamment des oligodendrocytes élaborateurs de myéline, des capillaires sanguins.

Les capillaires sanguins des centres nerveux ont une structuration particulièrement résistante, ce qui est non seulement dû à la texture serrée de leur paroi mais aussi au fait que cette paroi est doublée du coté extérieur par une couverture gliale de pieds astrocytaires. Le milieu cellulaire du tissu nerveux est donc isolé du milieu dit intérieur (sanguin) qui baigne les autres tissus de l'organisme. Ces deux milieux ont par conséquent une composition sensiblement différente. La barrière hémato-encéphalique maintient cette différence, condition indispensable au fonctionnement exigeant du tissu nerveux.

Pour l'essentiel, le tissu nerveux périphérique correspond aux nerfs périphériques qui sont constitués de faisceaux d'axones dont la plupart sont myélinisés par les cellules de Schwann. L'emballage des nerfs, tant à leur périphérie qu'entre leurs faisceaux, est formé de tissu conjonctif.

Qu'est-ce que le tissu conjonctif ?

En simplifiant beaucoup, c'est le tissu de soutien, d'emballage, de tous les organes. Tissu fibreux, il est constitué de cellules appelées fibroblastes qui produisent des fibres de collagène…

…qui est injecté dans les lèvres des stars pour les rendre plus sexy ?

Effectivement, mais avec des succès très divers, vous en conviendrez ! Ce n'est évidemment pas le seul usage de cette importante protéine de l'organisme.

Et l'ensemble du système nerveux, comment est-il organisé ?

Je me bornerai à l'essentiel de ce que vous devez savoir pour que nous puissions aborder par la suite, en toute connaissance de cause, les problèmes que posent les traumatismes de la moelle épinière et les stratégies mises en œuvre pour pallier le handicap. Ces informations succinctes concerneront uniquement le cortex cérébral et la moelle épinière des mammifères en général, et de l'homme en particulier. Sachez simplement que le cerveau humain est d'une complexité qui défie l'imagination…de ce même cerveau. C'est probablement la structure la plus complexe de l'univers connu, en tout cas de notre planète bleue !

Le cortex cérébral

Dans les hémisphères cérébraux, et contrairement à la moelle épinière, la substance blanche est interne et la substance grise est en position superficielle.

Et la matière grise ?

C'est l'appellation populaire de la substance grise. Celle-ci constitue ce qu'on appelle aussi le *cortex cérébral.* Ce cortex, épais de deux à quatre millimètres, très plissé chez l'homme, présente des sillons profonds ou scissures, qui découpent la surface en lobes (frontal, pariétal, temporal, occipital), et des sillons plus superficiels délimitant, à l'intérieur des lobes, des circonvolutions. Depuis plus d'un siècle on a pu, à partir d'observations médicales, établir une véritable cartographie fonctionnelle de ce cortex. C'est ainsi que la motricité volontaire a été localisée dans le lobe frontal, la sensibilité générale dans le lobe pariétal, l'audition dans le lobe temporal, la vision dans le lobe occipital. Les techniques modernes d'imagerie médicale ont confirmé et précisé cette cartographie. Cependant certaines observations très récentes semblent démontrer que ce schéma est beaucoup moins rigide qu'on ne le pensait, laissant place à des possibilités de réorganisation, de plasticité, notamment à la suite de lésions ou de dégénérescences cérébrales localisées.

La moelle épinière

La moelle épinière humaine est une longue tige blanche d'un centimètre de diamètre comprenant quatre régions : cervicale, thoracique, lombaire et sacrée. Elle est légèrement renflée dans la région cervicale et dans la région lombaire d'où partent les nerfs rachidiens qui innervent respectivement les bras et les jambes. Plus précisément, chacun des nerfs rachidiens résulte de la réunion d'une racine nerveuse dorsale, sensitive, et d'une racine ventrale, motrice. La racine dorsale porte un renflement (ganglion rachidien*) qui renferme les corps cellulaires de neurones sensitifs. La racine ventrale contient les axones de motoneurones qui innervent les muscles striés squelettiques (figures 3 et 4B).

Sur une coupe transversale de la moelle adulte, on observe un petit canal central qui rappelle la structure originellement creuse du système nerveux central, et à son pourtour une paroi, très épaissie par rapport à celle du tube nerveux embryonnaire, constituée de substance grise centrale, en forme de papillon aux ailes étalées, et de substance blanche périphérique (figures 3 et 4).

Je commence à comprendre, un peu, comment le cerveau et la moelle épinière sont organisés. Mais comment cet ensemble marche-t-il ? Quelles sont notamment les fonctions de la moelle épinière ? Comment sa lésion localisée peut-elle conduire à l'état de dépendance où je me trouve encore actuellement ?

A part tourner la tête, sourire ou faire la grimace, et encore, en l'absence de moelle épinière il n'y aurait aucune motricité, aucune sensation, de la base du cou jusqu'aux orteils. Mais, d'un point de vue fonctionnel, la moelle épinière n'est pas qu'un lieu de passage, d'origine et de terminaison de faisceaux nerveux. Tout en étant sous le contrôle étroit de l'encéphale, elle montre aussi un certain degré d'indépendance, une certaine autonomie par rapport aux centres cérébraux supérieurs. Indépendamment du cerveau, elle fonctionne en effet comme un centre d'activité réflexe et comme un centre automatique (je dis bien automatique et non volontaire) de la locomotion. Les voies nerveuses tout d'abord.

Les voies nerveuses impliquant la moelle épinière

Pour faire simple, je me limiterai ici aux voies de la motricité volontaire et aux voies de la sensibilité générale consciente (figure 3 et 4 A). Les premières descendent du cerveau vers la moelle (voies descendantes), les secondes montent de la moelle épinière vers le cerveau (voies ascendantes). D'une façon générale une voie nerveuse est constituée par un ensemble de fibres nerveuses parallèles, chaque fibre étant elle-même formée d'un axone, le plus souvent entouré d'une gaine de myéline.

Chez l'homme, la voie essentielle de la motricité volontaire est la *voie cortico-spinale.* Elle est formée des faisceaux cortico-spinaux, également appelés faisceaux pyramidaux. Les corps cellulaires des neurones cortico-spinaux (ou pyramidaux) sont localisés dans le cortex cérébral moteur (lobe frontal). Leurs axones descendent jusqu'aux différents niveaux de la moelle, sans relais. Ils y entrent en contact avec des motoneurones, soit directement, soit par l'intermédiaire de petits neurones dénommés *interneurones* ou *neurones d'association.* Les axones des motoneurones cheminent, pour leur part, dans les nerfs rachidiens, via les racines ventrales, et innervent les muscles striés squelettiques du tronc et des membres (il existe des voies descendantes analogues, les nerfs crâniens, innervant les muscles de la tête, dont ceux de la face). Chaque *chaîne neuronale* reliant le cortex cérébral aux muscles est donc formée soit de deux, soit de trois neurones. Ces voies descendantes sont en fait croisées, soit au niveau de l'encéphale (bulbe rachidien), pour trois quarts des fibres, soit au niveau de la moelle épinière pour un quart. Il en résulte qu'une lésion (Accident Vasculaire Cérébral = AVC, par exemple) du cortex moteur droit entraîne une paralysie du côté gauche et inversement (hémiplégie).

Les voies (ascendantes) de la sensibilité sont encore plus complexes. Quelques précisions et définitions tout d'abord. On distingue une *sensibilité somatique* (peau, muscles) et une *sensibilité viscérale* (viscères), une *sensibilité générale* lorsque les récepteurs sensoriels sont largement distribués à la surface (peau) ou à l'intérieur de l'organisme (muscles) et une *sensibilité spéciale* lorsque les récepteurs sensoriels sont étroitement localisés (vision par exemple). La sensibilité est dite *extéroceptive* si les stimulations sensorielles proviennent du milieu extérieur (sensibilité tactile consciente), *proprioceptive* (profonde) si les informations sensorielles proviennent de muscles striés squelettiques, d'os ou d'articulations. Cette sensibilité profonde est inconsciente en général, consciente dans le cas de douleurs.

Je n'évoquerai ici que les voies de la sensibilité générale consciente et me limiterai même au cas de la *sensibilité tactile fine*, dite *épicritique** ou discriminatoire. Les récepteurs tactiles correspondants sont, à l'évidence, localisés dans la peau. Ils sont en relation avec les prolongements périphériques de neurones sensitifs primaires dont les corps cellulaires sont localisés dans les ganglions rachidiens des racines dorsales des nerfs rachidiens. Les axones centraux de ces neurones atteignent la substance grise de la moelle, s'intègrent dans des faisceaux dorsaux de substance blanche et montent jusqu'au bulbe rachidien où ils établissent des synapses avec des neurones dont les axones passent de l'autre côté du bulbe (croisement) et montent jusqu'au thalamus où ils contactent de nouveaux neurones qui gagnent le cortex sensitif primaire (lobe pariétal). A ce niveau les axones de ces neurones font contact avec de petits neurones situés entièrement dans ce cortex sensitif. Chaque chaîne neuronale de cette voie comprend donc quatre neurones. Vous me suivez ?

Euh...à peu près, Patrick, à peu près !

Ce n'est pas si compliqué après tout, si vous regardez bien les schémas que je vous ai donnés !

Ces voies motrices et sensitives proviennent donc du cerveau ou y aboutissent. Les relations entre cerveau et moelle épinière sont par conséquent très étroites et très importantes. Et vous comprenez, à présent mieux encore, pourquoi une lésion de la moelle épinière peut supprimer toute sensation et toute motricité en dessous du niveau de la lésion. Cependant, comme je vous l'ai déjà dit, la moelle épinière a aussi un certain degré d'indépendance par rapport au cerveau. Dans ce contexte, la moelle épinière fonctionne comme centre d'activité réflexe et comme centre automatique de la locomotion.

La moelle épinière, centre d'activité réflexe

L'activité réflexe d'abord. Si vous posez par mégarde votre main sur un objet brûlant, vous la retirez vivement, sans avoir à y penser. Le cerveau n'intervient pas mais, dans le cas présent, il est cependant informé (voies sensorielles vues précédemment) et vous ressentez bien une brûlure intense.

Effectivement, je me souviens d'expériences sur la grenouille en classe terminale. On détruit le cerveau d'une grenouille, elle devient inerte. On plonge l'une de ses pattes dans une solution très acide. L'animal la retire et la secoue avec la plus grande vivacité.

Bravo, vous avez bien observé l'expérience. Dans ce cas la grenouille ne ressent absolument rien puisqu'elle est décérébrée. Il y a ici mise en jeu d'une activité réflexe. En termes de chaîne neuronale, le circuit est le suivant : récepteur sensoriel cutané, neurone sensitif primaire, interneurone, motoneurone, muscle strié squelettique. L'influx nerveux se réfléchit en quelque sorte sur la moelle épinière d'où le terme d'arc réflexe. Le cerveau n'est pas impliqué (Figure 4 B).

La moelle épinière, centre automatique de la locomotion

La moelle épinière fonctionne également comme un centre automatique de la locomotion. Cette très importante découverte est relativement récente. Vous comprendrez aisément que dans le contexte des atteintes traumatiques de la moelle épinière, cette fonction revêt une importance considérable. Elle peut être mise en évidence chez le nouveau-né humain ! En maintenant debout un bébé nouveau-né et en le soutenant par les bras tout en assurant le contact de ses pieds avec le sol, il est capable de marcher ! De façon totalement automatique et pas du tout volontaire car ses faisceaux moteurs (faisceaux cortico-spinaux) n'ont pas encore poussé jusqu'à l'intérieur de la moelle épinière. Cette surprenante possibilité motrice disparaîtra rapidement et le bébé devra patienter une bonne année pour marcher, de façon volontaire cette fois. Na !

On sait à présent que la programmation de la marche et de la nage, c'est-à-dire de la locomotion en général chez les vertébrés, est assurée par des réseaux de neurones spécialisés de la moelle épinière, à l'origine de commandes rythmiques et organisées en direction de la musculature des membres et du tronc. Ces réseaux ont été dénommés par les anglo-saxons *Central Pattern Generators** (CPG), l'équivalent francophone *Générateurs Spinaux de Marche* (GSM) étant très rarement utilisé. Les CPG sont localisés dans la moelle épinière cervicale pour les membres antérieurs et lombaire pour les membres postérieurs. Ces deux centres fonctionnent de façon coordonnée en engendrant une activation rythmique et organisée des muscles extenseurs et fléchisseurs des membres. Ils sont cependant incapables d'adaptation à des conditions nouvelles de l'environnement.

Vous voulez dire que dans mon cas personnel ces centres sont parfaitement fonctionnels ? Et pourtant je ne remarche pas, c'est un fait !

Oui, comme je vous l'ai déjà dit. Vous ne remarchez pas par suite du blocage de la commande volontaire cérébrale au niveau de la blessure de votre moelle épinière. Dans les conditions normales, cette commande est très sophistiquée. En effet, une activité motrice volontaire fine et complexe comme celle du pianiste virtuose, ou encore celle du funambule cheminant sur un fil tendu entre deux gratte-ciel, ne peut absolument pas être expliquée par la seule intervention des voies et centres nerveux évoqués précédemment. L'activité motrice est en réalité d'une extraordinaire complexité. Elle fait intervenir de très nombreux centres nerveux, dont certains fonctionnent de façon inconsciente, qui réalisent *in fine* une activité motrice volontaire : centres sous-corticaux de la base du cerveau (*ganglions de la base**), cervelet*, voies extra-pyramidales*, voies de la sensibilité générale, CPG. Interviennent également des *systèmes neuromodulateurs* mettant en jeu des neurotransmetteurs tels que la sérotonine* et l'adrénaline. La plupart de ces systèmes très complexes interviennent au cours même de la réalisation de l'acte moteur, en opérant des contrôles permanents rétroactifs qui permettent notamment l'activation de muscles intervenant dans la posture, ou la régulation des rapports entre muscles antagonistes. L'ensemble de ces mécanismes permet l'ajustement de la réponse motrice à un but précis. Tout au long de la vie, ces réseaux nerveux complexes montrent de grandes capacités d'adaptation à de nouvelles conditions de l'environnement qui permettent différentes formes d'apprentissage. Le système nerveux se révèle par conséquent d'une grande plasticité, insoupçonnée il y a moins d'un siècle.

Je crois que pour aujourd'hui vous aurez votre content d'informations ! A la semaine prochaine pour d'autres aventures !

5. Pourquoi la moelle épinière blessée ne se répare pas spontanément

Au fait, Patrick, pourquoi la moelle épinière ne se répare-t-elle pas spontanément ?

D'abord ce n'est pas tout à fait exact : environ 10 à 20 p. cent des para/tétraplégiques montrent, avec le temps, une récupération fonctionnelle très appréciable, malgré quelques séquelles inévitables.

Ce n'est hélas pas mon cas, étant, comme on me l'a dit, paraplégique complet.

Je comprends et je compatis très sincèrement. A l'heure actuelle, malgré des recherches fondamentales qui sont cependant très encourageantes, force est effectivement de constater que la plupart des paraplégiques restent, hélas, encore cloués dans leur fauteuil roulant. Pourquoi ? Parce que, dans la majorité des cas, les blessures traumatiques de la moelle épinière ne se réparent pas spontanément.

Ah oui, pourquoi ? Alors que la cicatrisation de plaies superficielles s'effectue dans de bonnes conditions. L'organisme est donc capable de mettre en œuvre des mécanismes réparateurs très efficaces pour la survie de l'individu. Pourquoi la moelle épinière lésée ferait-elle exception ?

Très judicieuse interrogation, à laquelle on peut actuellement parfaitement répondre.

Causes de la non-réparation spontanée

Cette faillite régénérative est en fait la conséquence de trois réactions majeures de la part de la moelle lésée : 1) la lésion initiale, dite *lésion primaire*, s'étend rapidement au pourtour de l'impact traumatique. Rapidement c'est-à-dire dans les quelques heures qui suivent l'accident. La lésion primaire évolue ainsi en *lésion secondaire*. Les dégâts s'étendent au pourtour de la lésion initiale par suite d'une réaction, dite cytotoxique, d'une très grande complexité ; 2) les cellules détruites par l'impact, cellules gliales et surtout neurones, ne seraient pas remplacées. Cependant ce véritable dogme, longtemps parole d'évangile, est à présent largement battu en brèche par la découverte récente, dans l'ensemble du système nerveux central, de *cellules souches* capables, dans certaines conditions, de produire de nouveaux neurones et de nouvelles cellules gliales. Ces conditions sont-elles réunies dans la moelle épinière lésée ? On ne peut pas encore répondre précisément à cette question ; 3) les axones du système nerveux central écrasés, voire même totalement rompus, ne repoussent pas, ne régénèrent pas les parties amputées, de sorte que les connexions fonctionnelles d'origine ne peuvent être rétablies. Une nuance cependant : le grand neurobiologiste espagnol *Santiago Ramon y Cajal**, prix Nobel de médecine en 1906 (avec Camillo Golgi), avait observé qu'une tentative de repousse avait bien lieu mais que ce processus était éphémère et fonctionnellement inefficace. On a montré depuis que cette « régénération abortive » n'était probablement pas le fait d'une incapacité propre, intrinsèque, des neurones à régénérer leurs axones mais plutôt due à l'existence d'un environnement, d'un terrain, défavorable à l'élongation des bourgeons axonaux. Dès lors on comprendra que la plupart des stratégies expérimentales, actuellement mises en œuvre dans les tentatives de réparation de la moelle lésée, ont pour but de modifier ce terrain en le rendant beaucoup plus « permissif » à la repousse axonale.

Dans le système nerveux central, la repousse spontanée des axones, consécutive à une lésion, est-elle donc un processus universellement voué à l'échec dans le monde animal ?

Absolument pas. Et je vais vous en donner plusieurs exemples très démonstratifs. La régénération axonale s'observe en effet dans les nerfs périphériques de tous les vertébrés, dans la moelle épinière de certains vertébrés dits « inférieurs » et dans la moelle épinière de fœtus de petits mammifères.

Exemples de repousse des fibres nerveuses chez les vertébrés

Premier exemple : repousse axonale dans les nerfs périphériques. Sectionnons chez l'animal un nerf périphérique, tel que le nerf sciatique, qui renferme notamment les axones des motoneurones dont les corps cellulaires sont, rappelons-le, localisés dans la substance grise ventrale de la moelle épinière. Les axones du bout distal, coupés de leurs corps cellulaires, dégénèrent rapidement. Ce processus est la « dégénérescence wallérienne », du nom du physiologiste anglais Augustus Waller qui l'a décrite en 1857. Les axones se fragmentent, ainsi que leur gaine de myéline. Ces fragments sont éliminés par phagocytose. En revanche les cellules de Schwann (de nature gliale périphérique) survivent et même prolifèrent. Si l'on remet en contact le bout proximal du nerf avec le bout distal, les moignons axonaux vont bourgeonner, s'allonger et repeupler le bout distal à la vitesse de 1 millimètre par jour. Ils seront pour beaucoup remyélinisés par les cellules de Schwann. En principe ces axones ainsi régénérés pourront retrouver leurs cibles musculaires et y rétablir des contacts fonctionnels (jonctions neuromusculaires). Le bout distal du nerf sectionné constitue donc un *milieu* favorable, dit *permissif**, à la régénération des axones endommagés. J'aurai l'occasion d'y revenir à maintes occasions.

Deuxième exemple : on a pu observer une repousse axonale fonctionnelle dans la moelle épinière sectionnée de certains vertébrés dits « inférieurs ». Les vertébrés sont les animaux à vertèbres, ce qui, vous en conviendrez, est une lapalissade ! Les différentes classes de vertébrés sont, en respectant l'échelle évolutive, les poissons, les amphibiens (anciennement batraciens), les reptiles, les oiseaux et les mammifères. Mais ça, vous le saviez, n'est-ce pas ?

Effectivement !

Or, il se trouve que nos « frères inférieurs », poissons et amphibiens, sont beaucoup mieux partagés que nous, pauvres humains, en ce qui concerne l'aptitude à réparer anatomiquement et fonctionnellement leur moelle épinière endommagée. Parmi les modèles expérimentaux utilisés figurent la lamproie, le poisson rouge, les tritons et les salamandres, ainsi que le têtard de grenouille. Après une section expérimentale complète de leur moelle épinière, on observe une repousse des faisceaux nerveux, principalement des faisceaux moteurs, leur reconnexion avec des neurones cibles et, par suite, une restauration fonctionnelle de la nage ou de la locomotion terrestre. A cet égard, les tritons et les salamandres apparaissent comme les grands « champions de la régénération* » selon le qualificatif du biologiste anglais Jeremy Brockes. Ils sont non seulement capables de réparer les lésions de leur système nerveux central mais encore de régénérer leurs pattes, leur queue, leurs mâchoires et même certains organes internes. Pourquoi ? Un début de réponse, peut-être : chez les vertébrés, la perte du pouvoir de régénération paraît correspondre à leur « sortie des eaux ». Les tritons et les salamandres ont en effet une vie foncièrement aquatique, la grenouille une vie franchement terrestre, à l'exception du retour périodique à l'eau pour cause de reproduction. Eh bien la moelle épinière de la grenouille adulte, et même de celle qui vient tout juste de se métamorphoser, est incapable de régénération, contrairement à son têtard dont la vie est purement aquatique, comme vous le savez.

Pardonnez-moi, Patrick, mais que la salamandre puisse réparer sa moelle épinière, nager et se promener de nouveau, est le cadet de mes soucis !

Vous avez une vision bien étroite de ces observations, Marc. Ce domaine de recherche, actuellement très exploité par certains chercheurs, pourrait même s'avérer fort productif. En effet, comprendre les mécanismes cellulaires et moléculaires qui sous-tendent ces capacités régénératives pourrait, à terme, conduire à la mise en œuvre de stratégies réparatrices très prometteuses pour l'espèce humaine.

Troisième exemple, étonnant et particulièrement digne d'intérêt : la régénération axonale chez le fœtus mammalien. On a réalisé des expériences extrêmement délicates de section, *in utero*, de la moelle épinière de petits mammifères. Les fibres nerveuses sectionnées repoussent à travers le site lésionnel et reforment des connexions fonctionnelles avec des cibles localisées au-delà de la section. Plus surprenant encore : des expériences sur des marsupiaux (Saunders et al. 1998). L'une des particularités de l'opossum de Virginie est de donner naissance à une quinzaine de véritables prématurés, libérés dans la poche marsupiale (qui comporte de nombreuses mamelles) après seulement 12 jours de gestation. Ces véritables *larves* ne mesurent que 13 millimètres de long pour un poids de 0,13 grammes ! Le grand avantage est ici d'opérer sans avoir à ouvrir l'utérus. Après section de la moelle épinière de ces véritables fœtus, on constate une repousse axonale massive à travers le site lésionnel. Mais seulement lorsque la section médullaire est réalisée de la « naissance » au 12ème jour post-natal. Après ce délai, toute possibilité de régénération est totalement et définitivement bloquée. La conclusion de ces très belles expériences est que la moelle épinière des fœtus de mammifères, encore très immature, présente une remarquable plasticité.

6. Les objectifs et les méthodes de la recherche fondamentale

Les objectifs

Si votre voiture tombe en panne, Marc, et que vous n'êtes pas spécialement doué en mécanique automobile, vous allez confier tout naturellement votre véhicule à un garagiste spécialisé. Celui-ci va rechercher la cause de la panne, c'est-à-dire établir un diagnostic, puis réparer ou remplacer la pièce défectueuse. Toutes proportions gardées, la démarche n'est pas foncièrement différente dans le cas des atteintes traumatiques de la moelle épinière. Dans ce domaine, les objectifs de la recherche fondamentale sont effectivement doubles : d'abord comprendre, aux niveaux moléculaire, cellulaire, fonctionnel et comportemental, ce qu'est au juste la lésion médullaire, quelles en sont les conséquences ; puis tenter de réparer anatomiquement et fonctionnellement la moelle blessée.

Premier volet : le constat. Les dégâts occasionnés par une lésion sévère de la moelle épinière sont considérables, tant localement qu'à distance. Au site lésionnel ils sont d'ordre mécanique, vasculaire, cellulaire, biochimique ; à distance de ce site les conséquences, dramatiques, sont la perte totale ou, à tout le moins partielle, des fonctions sensorimotrices, respiratoires, urogénitales. Dès lors les recherches seront axées sur l'étude de l'extension de la lésion primaire en lésion secondaire, de la perte cellulaire, des effets de la déconnexion cerveau/moelle, des tentatives, fort limitées hélas, de récupération spontanée.

Second volet : la réparation. Il serait illusoire et probablement inutile de vouloir reconstruire anatomiquement la moelle lésée à l'identique. L'essentiel est que les fonctions perdues soient restaurées de façon acceptable. Les stratégies de recherche auront donc pour but de limiter l'extension de la lésion primaire (neuroprotection), de remplacer les cellules perdues, de favoriser la repousse axonale, d'optimiser le fonctionnement des circuits neuronaux épargnés par le choc traumatique.

Les méthodes

Modèles animaux

A présent quels sont les outils utilisés dans ces recherches, quelle est la méthodologie mise en œuvre ? Par définition la recherche fondamentale exclut toute expérimentation sur l'homme. Partant, elle s'adresse, principalement, à des *modèles animaux* qui sont les plus proches de l'humain sur l'échelle évolutive. Ces modèles sont donc des mammifères, qui partagent avec nous l'inaptitude à la régénération (ce qui n'exclut cependant pas d'expérimenter à l'occasion sur des poissons ou des amphibiens pour tenter de comprendre certaines modalités très particulières de la régénération animale spontanée). En raison de leur manipulation aisée et de leur coût relativement modique, les petits mammifères, souris et surtout rats, sont de loin les plus utilisés, surtout les femelles de ces espèces, beaucoup plus douces que les mâles ! Mais ils sont plus éloignés sur l'échelle évolutive que ne le sont les singes par exemple. Ces derniers sont très coûteux à l'achat et requièrent des installations complexes et un personnel hautement qualifié et compétent pour leur entretien. Sans parler d'une certaine forme de réticence à expérimenter sur des animaux aussi évolués. Pour toutes ces raisons, l'utilisation de « primates non-humains » ne sera justifiée que pour certains essais précliniques indispensables et incontournables.

Mais soyez rassuré : les règles éthiques concernant l'expérimentation animale sont draconiennes. Aucune expérimentation n'est autorisée, aucune subvention de recherche n'est accordée si les chercheurs ne s'engagent pas à respecter la législation en vigueur dans le pays concerné, et en accord, pour l'Amérique, avec le *Guide to the care and use of experimental animals* et, pour l'Europe, avec *l'European convention for the protection of vertebrate animals used for experimental and other scientific purposes*. Les interventions doivent impérativement se faire sous anesthésie profonde. En outre aucune expérimentation susceptible de conduire à une situation de souffrance ou de détresse ne saurait être admise.

Alors, à ces pauvres petits rats, que leur fait-on au juste ? Les lésions expérimentales réalisées chez l'animal peuvent-elles être comparées aux lésions traumatiques résultant par exemple d'un accident de la route ?

J'y viens précisément. Nous verrons successivement quels types de lésions expérimentales sont effectués chez l'animal, quelles sont les éventuelles interventions post-traumatiques, comment on évalue et comment on exploite les résultats obtenus.

Types de lésions

Dans le domaine qui nous intéresse, on cherche à réaliser, chez l'animal, des lésions de la moelle épinière qui soient comparables à ce qu'on observe en traumatologie humaine. Mais le problème n'est pas si simple. Les lésions médullaires humaines sont extrêmement variées, totalement aléatoires. La moelle épinière peut être écrasée, étirée, tordue, cisaillée. La rupture totale de la moelle est exceptionnelle et ne concerne guère que des agressions par arme à feu ou par arme blanche. A l'inverse, les interventions sur l'animal sont standardisées, parfaitement reproductibles, leurs effets sont quantifiables. Bien d'autres différences existent. Chez l'homme, le choc traumatique est le plus souvent ventral (antérieur) et se fait en milieu fermé. Il est généralement d'une violence inouïe. Le délai de prise en charge médico-chirurgicale est au minimum de quelques heures. Dans cet intervalle de temps de nombreux facteurs sont difficiles à contrôler : ischémie, hypoxie (manque d'oxygène), hypotension, fièvre, hyperglycémie et troubles divers du métabolisme. Ils peuvent être à l'origine de mécanismes lésionnels quelque peu différents de ceux observés chez l'animal qui, lui, n'est pas soumis à un choc violent. Par ailleurs, l'utilisation d'anesthésiques peut modifier la physiologie de son système nerveux, l'abord de sa moelle se fait par une ouverture dorsale.

Il n'y a donc pas de modèle animal parfait.

Non et je dirais heureusement. Le modèle parfait consisterait à mettre des grands singes éveillés dans des véhicules que l'on lancerait à grande vitesse sur des murs en béton. Vous imaginez ! Il n'est donc pas question de mimer au laboratoire les aléas de l'accidentologie humaine, quoiqu'une horrible expérimentation dans ce sens ait pu être mise en œuvre à la fin du XIXe siècle et au tout début du XXe. On en frémit !

Les lésions médullaires réalisées chez l'animal, sous anesthésie générale profonde évidemment, sont de deux types : mécanique et chimique. Les lésions mécaniques peuvent être obtenues par contusion, compression, section transversale complète ou incomplète (principalement hémisection dorsale) de la moelle épinière, ou encore par aspiration localisée du tissu nerveux médullaire.

Une méthode classique de contusion consiste à lâcher des poids de masse variable à l'intérieur d'un tube guide disposé perpendiculairement à la moelle. Ce procédé vise à créer des conditions plus ou moins voisines de celles rencontrées en traumatologie humaine. A cette technique dite « dynamique », on oppose la technique dite « statique » consistant à déposer sur la moelle des poids de masse variable pendant un temps déterminé. Les lésions par compression sont classiquement réalisées par la pose d'un ballonnet gonflable au niveau des méninges. On peut également utiliser des pinces, des clamps, des fils qui enserrent la moelle. Les sections complètes ou partielles sont effectuées à l'aide de bistouris ou de ciseaux très fins. Les lésions chimiques sont faites par injection de microquantités de substances neurotoxiques. Les lésions dites *ischémiques* sont réalisées par ligature des vaisseaux sanguins qui irriguent la moelle, privant celle-ci d'oxygène (anoxie).

Interventions post-traumatiques

Une fois la lésion réalisée, deux alternatives s'offrent à l'expérimentateur. Ne plus intervenir chirurgicalement et constater les effets moléculaires, cellulaires et physiologiques de la lésion, ou bien intervenir de nouveau dans le but de rechercher des solutions thérapeutiques, les deux opérations étant soit pratiquement simultanées, soit différées dans le temps. Ces interventions dites *post-traumatiques* ont pour objectifs soit de restreindre l'extension de la lésion primaire (neuroprotection), soit de remplacer les neurones détruits, soit de créer un milieu *permissif* autorisant et favorisant la repousse axonale, soit encore de réveiller les circuits nerveux dormants. Ces différentes stratégies font appel à des techniques de thérapie cellulaire (micro-injections cellulaires ou transplantation de tissus ou de biomatériaux), de thérapie moléculaire (médicaments et autres molécules actives), de thérapie génique (transplantation de cellules génétiquement modifiées ou introduction d'un vecteur, le plus souvent un virus, associé à un gène d'intérêt thérapeutique). J'aurai l'occasion de revenir sur ces différents protocoles dans l'analyse des expérimentations, nombreuses et variées, qui seront commentées par la suite.

Evaluation et exploitation des résultats

Les effets des lésions médullaires expérimentales et des interventions post-traumatiques seront analysés et évalués après des délais post-lésionnels variables. Sur des animaux maintenus en vie, on procédera notamment à des tests de récupération de la fonction motrice, à « l'Imagerie par Résonance Magnétique* » (IRM) ; après sacrifice des animaux, on appliquera les techniques générales et spécifiques de l'histologie dans le sens le plus large du terme.

Qu'est-ce que l'histologie ?

C'est tout simplement l'étude des tissus des êtres vivants, plus précisément de l'examen de coupes fines ou ultrafines de ces tissus, respectivement en microscopie optique ou en microscopie électronique. Mais je vais y revenir dans un instant.

Les tests de fonctionnalité permettent d'évaluer le degré de récupération de la sensibilité et de la motricité en général, de la locomotion en particulier. On observera ainsi le comportement des animaux, le plus souvent des rats, dans différentes tâches locomotrices telles que déplacement en libre parcours, comportement de marche sur un tapis roulant, sur des poutrelles, sur des grilles ou des plans plus ou moins inclinés. On pourra également relever des empreintes de pas à l'aide de colorants divers dont on badigeonne les pattes.

Le test moteur le plus utilisé est le test BBB (d'après les noms de ses auteurs, Basso, Beattie et Bresnahan). Différents paramètres sont évalués, chez le rat, au cours d'une locomotion en libre parcours : mouvements des membres postérieurs, des orteils, de la queue, position et stabilité du tronc, caractéristiques des pas, appui des pattes, coordination des membres. Le total obtenu va de 0 (aucune locomotion) à 21 (locomotion normale). Je décrirai ultérieurement les tests moteurs utilisés dans les essais cliniques.

Afin de déterminer si des fibres descendantes (motrices) ou ascendantes (sensitives) ont régénéré à travers le site lésionnel, on cherche à enregistrer soit des potentiels évoqués moteurs (PEM) au niveau de la moelle sous-lésionnelle, par stimulation du cortex cérébral moteur ; soit des potentiels évoqués somatosensoriels (PES) au niveau du cortex cérébral somatosensoriel, par stimulation électrique de la moelle sous-lésionnelle.

L'IRM* permet actuellement une analyse très fine des faisceaux nerveux de la moelle épinière (*tractographie*, en anglais *fiber tracking*).

Les techniques d'histologie conventionnelle permettent l'observation de coupes fines colorées obtenues avec un microtome (microscopie optique) ou de coupes ultrafines contrastées obtenues avec un ultra-microtome (microscopie électronique) de différents tissus. Des techniques plus sophistiquées permettent de révéler sur ces coupes des composés variés, des enzymes, des anticorps, etc…

Les techniques relativement récentes de *marquages axonaux rétrogrades et antérogrades* méritent une attention particulière. Elles permettent en effet, d'une part le traçage de voies neuro-anatomiques normales, intactes, et d'autre part la détermination de l'origine ou de la destination d'une repousse axonale après lésion. Des *marqueurs axonaux* enzymatiques ou fluorescents sont appliqués, chez l'animal anesthésié, soit sur des terminaisons axonales intactes ou des sites d'axotomie (section d'axones), soit au niveau de corps cellulaires neuronaux. Dans le premier cas, le marqueur est absorbé par l'axone et véhiculé par transport axonal rétrograde jusqu'au corps cellulaire neuronal correspondant. Dans le second cas, le marqueur est absorbé par le corps cellulaire neuronal et véhiculé par transport axonal antérograde jusqu'aux terminaisons axonales. Après un délai adéquat (1 ou 2 jours en général), l'animal est sacrifié et le marqueur est détecté sur coupes histologiques, soit par son produit de réaction, soit par sa fluorescence. A titre d'exemple, l'application d'un marqueur sur le bout proximal d'un nerf périphérique sectionné marquera les corps cellulaires des motoneurones correspondants dans la substance grise de la moelle épinière.

Expérimentation *in vitro*

Les modèles *in vivo* que je viens de décrire apparaissent souvent très complexes, leurs résultats sont parfois d'une interprétation malaisée. Les modèles *in vitro* (c'est-à-dire utilisant de la verrerie de laboratoire parfaitement étanche et stérile), plus simples, peuvent constituer un préambule à des études *in vivo* ultérieures. On réalise en pratique soit des cultures cellulaires de neurones ou de cellules gliales, soit des cultures de fragments de tissus, notamment de moelle épinière. Néanmoins, il serait hasardeux de transposer trop vite les résultats de ces études à celles réalisées chez l'animal vivant, les conditions des deux étant très différentes.

Pour vous permettre de mieux comprendre comment sont mises en œuvre ces différentes techniques, je vous propose, Marc, pour la semaine prochaine, une petite visite commentée de notre laboratoire.

Je n'aurais jamais osé vous le demander, Patrick, mais vous m'en voyez ravi. Et je vous promets d'être parfaitement à l'heure.

Alors, à la semaine prochaine…

7. Portes ouvertes au laboratoire : au contact direct des chercheurs

Bonjour Marc, ponctuel comme toujours, c'est bien ! Avant la visite promise de notre laboratoire, permettez-moi de vous conduire tout d'abord à notre « mini-cafétéria » où nous n'allons pas manquer, à cette heure matinale, de rencontrer plusieurs de mes collègues.

Nous y voici. Bonjour tout le monde. Je vous présente Marc dont je vous ai beaucoup parlé. A propos, Marc, désirez-vous du thé, du café, une petite viennoiserie ?

Très volontiers, Patrick. Juste un petit café et un croissant, ce sera parfait !

Pas de problème. Si vous en êtes d'accord, Marc, je vous propose un genre de visite « parcours du combattant-chercheur » du labo en suivant la logique chronologique de l'une de nos études en cours.

Cela me convient tout à fait, Patrick.

Je vous en montrerai les principales étapes en commençant par une intervention chirurgicale sur des rats, notre modèle animal de prédilection. Jean-Michel est précisément en train d'opérer. Pourrais-tu, Jean-Michel, nous expliquer ton protocole opératoire ?

Bien volontiers. Je viens de réaliser une résection totale d'un segment de la moelle épinière thoracique au niveau T7. Présentement, j'injecte dans la brèche ainsi formée une suspension de cellules de Schwann purifiées, à l'aide de cette mini-pompe maintenue dans un micromanipulateur.

Vous vous souvenez, Marc, de ces cellules des nerfs périphériques si favorables à la régénération des prolongements des neurones !

Oui, bien sûr...Mais, au fait, vous ne prenez aucune mesure d'asepsie particulière ?

Non, pour le rat c'est totalement inutile, il ne s'infecte pratiquement jamais. Il suffit d'opérer proprement ! Mais revenons à nos moutons, en l'occurrence les cellules de Schwann. Ces cellules ont d'abord été manipulées génétiquement afin de les rendre plus mobiles.

Comment, plus précisément ?

Ah là, vous n'en saurez pas plus, c'est un secret de fabrication !

Mais je croyais que l'information scientifique était ouverte à tout le monde !

Oui, mais pas avant que les résultats aient été publiés. Les chercheurs ont bien des qualités mais ce ne sont pas des saints ! Voyons à présent à quoi est occupée notre doctorante Fatiha. Ah oui, elle injecte un marqueur axonal dit rétrograde dans la moelle épinière de rats transplantés deux mois auparavant, caudalement par rapport au site de lésion et de greffe.

Ces chers petits animaux paraissent parfaitement endormis, en tout cas.

Heureusement ! Comme je vous l'ai expliqué précédemment, le marqueur ainsi injecté va pénétrer dans les terminaisons axonales de neurones dont on va chercher à localiser les corps cellulaires.

J'imagine, en étudiant au microscope des coupes effectuées dans différentes parties du système nerveux central et traitées spécifiquement pour identifier le marqueur qui aura migré depuis les terminaisons axonales jusqu'à l'intérieur des corps cellulaires neuronaux correspondants.

C'est tout à fait ça, bravo ! Vous avez tout compris. Notre technicienne Isabelle est précisément en train d'effectuer de telles coupes de cerveaux de rats, prélevés deux jours après le marquage. Ces coupes sont réalisées avec un microtome.

Appareil qui ressemble beaucoup à une machine à couper le jambon.

Oui, mais sensiblement plus perfectionné, vous en conviendrez. Et réalisant des coupes infiniment plus fines, de l'ordre de quelques microns (millièmes de millimètres). Je doute que vous apprécieriez des tranches de jambon de cette épaisseur ! Mais il y a mieux encore. Il est en effet possible d'effectuer des coupes encore plus minces, dites ultrafines, destinées à l'examen en microscopie électronique, avec un ultra-microtome à avance non plus mécanique mais thermique : le bloc portant la pièce à couper est chauffé de façon à le dilater de l'épaisseur d'une coupe ultrafine à chaque tour.

Les marquages que nous avons ainsi réalisés ont permis de marquer des corps cellulaires non seulement dans le tronc cérébral mais également dans le cortex cérébral, ce qui constitue un résultat très précieux, espéré mais pas vraiment attendu.

La régénération des fibres nerveuses ainsi marquées est-elle corrélée à une amélioration des performances motrices par rapport à des animaux lésés mais ne recevant pas de greffes de cellules de Schwann ? Pour le savoir, après des délais variables après la transplantation, on réalise des tests locomoteurs, le plus classique étant le test BBB dont je vous ai parlé précédemment. De tels tests sont en cours dans la pièce voisine. Jetons-y un œil…Julien, peux-tu nous préciser ce que tu observes et que tu notes concernant l'activité motrice du rat que nous voyons se déplacer en libre parcours ? Il s'agit bien du test BBB, n'est-ce pas, réalisé chez un rat greffé ?

Effectivement. Je considère différents paramètres : mouvements et position des membres postérieurs, des orteils, de la queue, du tronc, caractéristiques des pas, appui des pattes, coordination des membres antérieurs et postérieurs. Le total obtenu va de 0 (aucune locomotion) à 21 (locomotion normale).

Quel score pour ce petit animal ?

L'analyse est en cours mais j'estime qu'il devrait se situer autour de 12-14, ce qui est plutôt satisfaisant.

Merci, Julien.

Tous ces résultats vont être prochainement publiés, je suppose. Comment les rédigez-vous et à quel journal scientifique spécialisé les adressez-vous ?

Allons jusqu'à mon bureau si vous voulez bien. Je vais tout vous expliquer, ou presque ! La rédaction d'un article scientifique, tel que celui que vous voyez apparaître actuellement sur l'écran de mon ordinateur, est un travail ardu, complexe, qui requiert à la fois précision et concision extrêmes. Il se fait de façon collégiale, sous l'égide du directeur du laboratoire. Si votre objectif est d'informer la communauté scientifique internationale, ce qui est presque toujours le cas, la rédaction se fait obligatoirement en langue anglaise. Après lecture et relecture, réalisation et mise en place de l'iconographie, vérification des références bibliographiques les plus en adéquation avec votre recherche, vous adressez votre manuscrit à une revue spécialisée de bon niveau c'est à dire comportant un comité de lecture sérieux qui pourra l'accepter, le refuser ou proposer des modifications ou des améliorations. Les revues « top » sont assez connues du grand public : *Science* et *Nature*, en particulier, mais sont difficilement accessibles, comme vous pouvez l'imaginer.

Voilà, la petite visite du labo se termine. J'espère que vous en avez tiré quelque profit personnel. Quelles sont vos impressions ?

Excellentes, Patrick, et je vous remercie très chaleureusement pour cette porte ouverte à une personne particulièrement concernée par les recherches que vous menez. J'ai été très impressionné par le modernisme, voire même la sophistication de certaines de vos installations, le très haut niveau de vos investigations, le sérieux et la gentillesse de vos collaborateurs, la bonne entente entre vous.

Vous m'en voyez ravi. A présent, il me semble que vous disposez d'un bagage suffisant pour être à même de comprendre l'essentiel des recherches fondamentales et cliniques menées dans le domaine des lésions traumatiques de la moelle épinière et des possibilités de leur réparation. La semaine prochaine nous entrerons donc dans le vif du sujet.

Une dernière requête. Comment accéder à la littérature biomédicale ?

C'est très simple et accessible à tous. Par « Google » par exemple, tapez « Pubmed », cliquez sur « Advanced Search », puis tapez « Dupont JP » pour Dupont Jean-Pierre pour accéder aux publications de cet auteur. Pour un article donné vous aurez toujours le résumé et parfois le texte complet. Ou entrez des mots clés (en anglais) pour des informations sur un sujet particulier. Mais pour « spinal cord injury » (lésions traumatiques de la moelle épinière) vous aurez plus de 55.000 références bibliographiques ! Bon courage !

8. Les grandes stratégies de la recherche fondamentale

Pour ce qui concerne les atteintes traumatiques de la moelle épinière, les deux volets de la recherche fondamentale sont, rappelons-le, d'une part la compréhension de ce qui se passe au site de la lésion initiale depuis l'accident et quelles en sont les conséquences, et d'autre part la mise en œuvre de stratégies thérapeutiques permettant de réparer fonctionnellement les blessures de la moelle épinière.

Comprendre les blessures de la moelle épinière et leurs conséquences

Le choc traumatique initial, le plus souvent d'une violence inouïe, a, à distance, les conséquences dramatiques immédiates que j'ai précédemment évoquées, notamment : abolition de la motricité volontaire et perte de la sensibilité consciente en dessous du niveau lésionnel. Mais que se passe-t-il, localement, au niveau de la lésion initiale, à court, moyen et long termes ?

Les dommages locaux immédiats sont considérables. C'est un véritable tsunami cellulaire et moléculaire : rupture de vaisseaux sanguins, destruction de neurones et de cellules gliales, lésion ou même rupture d'axones, déformation physique des membranes cellulaires. La diminution, voire même l'arrêt complet de la circulation sanguine (ischémie) prive les tissus d'oxygène (anoxie). Ces phénomènes, ainsi que l'œdème qui en résulte, déclenchent alors une cascade de réactions cellulaires et moléculaires pathologiques, qui débute dans les minutes qui suivent l'accident et se poursuit pendant des heures, des jours, des semaines, selon une dynamique d'une extrême complexité. La lésion initiale, dite *primaire,* évolue ainsi en une *lésion secondaire* qui s'étend au pourtour de la lésion initiale et est caractérisée par un processus de nécrose et par des réactions de type inflammatoire. Au plan biochimique, on observe la production de radicaux et de molécules cytotoxiques, résultat de la dégradation des membranes cellulaires.

Chronologiquement, on distingue classiquement une phase aigüe, immédiate c'est-à-dire concomitante du choc traumatique, et durant quelques heures, une phase subaigüe qui se mesure en jours et en semaines, une phase tardive s'étendant sur des semaines, voire des mois. Au-delà de ces délais, la lésion est considérée comme chronique.

Ce qui, à ce jour, est apparemment mon cas.

Effectivement, mais il est en fait très difficile de définir une limite précise entre ces différentes phases. Pour une plus grande clarté de l'exposé et malgré le caractère quelque peu artificiel de ce découpage, je distinguerai successivement :

1) les processus biochimiques responsables de l'extension de la lésion initiale ;
2) les réactions cellulaires ;
3) les inhibiteurs de la repousse axonale.

Les processus biochimiques responsables de l'extension de la lésion initiale

Le point de départ de l'extension de la lésion initiale est la souffrance du tissu médullaire causée par l'ischémie (défaillance de l'irrigation sanguine), elle-même responsable d'une hypoxie (manque d'oxygénation), voire d'une anoxie (absence totale d'oxygénation). La rupture de la barrière hémato-encéphalique, normalement interposée entre le sang et le tissu nerveux, provoque une accumulation extravasculaire de liquide (œdème) qui comprime les tissus et modifie l'équilibre entre les différents ions (homéostasie). Ces ions, vous les connaissez bien, Marc, ils apparaissent sur toutes les bouteilles d'eau minérale ! Ce sont principalement le sodium (Na^{+}), le potassium (K^{+}), le calcium (Ca^{2+}), le chlore (Cl^{-}). C'est à partir de là que débute la fameuse *cascade cytotoxique*, d'une telle complexité que je vous ferai grâce des détails. Je me bornerai à citer les processus clés de l'extension de la lésion initiale en lésion secondaire dévastatrice : augmentation du calcium intracellulaire, accroissement des acides aminés excitateurs (c'est-à-dire favorisant normalement la transmission du message nerveux au niveau des synapses), production de fer, formation de radicaux libres.

Ah oui, ces fameux radicaux libres qui seraient responsables du vieillissement ! Pour en venir à bout, mangez 5 légumes/et ou fruits par jour !

Bravo, Marc ! Les radicaux libres sont des atomes, des ions ou des molécules qui sont caractérisés par la présence d'électrons *célibataires*, c'est-à-dire non appariés, dans leurs couches électroniques externes. Ils sont très réactifs, capables notamment d'endommager les phospholipides et le cholestérol (même le bon !) des membranes cellulaires, donnant ainsi naissance à des peroxydes très toxiques. L'ingestion de fruits et de légumes est fortement recommandée car ils contiennent des antioxydants naturels.

D'après ces observations, il est clair que toute approche thérapeutique visant à contrer l'extension de la lésion initiale devra impérativement être mise en œuvre très rapidement, probablement dans les huit heures qui s'écoulent après l'accident.

Les réactions cellulaires au site lésionnel

Elles sont de trois ordres : réaction inflammatoire, mort cellulaire et réaction gliale, inhibitrice de la repousse axonale.

LA RÉACTION INFLAMMATOIRE

La réaction inflammatoire est un processus très général et bien connu de défense de l'organisme vis-à-vis d'un agent extérieur, traumatique ou infectieux. On l'observe pour tous les tissus mais, dans le cas des traumatismes de la moelle épinière, cette réaction est plus importante et dure plus longtemps. Mais elle reste encore mal connue. Se limite-t-elle à une destruction du tissu nerveux ou est-elle initiatrice de processus régénératifs, à l'instar de ce qui se passe pour d'autres tissus de l'organisme ?

La réaction inflammatoire post-traumatique de la moelle épinière débute dans les heures qui suivent l'accident et pourrait se poursuivre pendant des semaines, voire des mois. Elle comprend des lésions de la paroi des vaisseaux sanguins, l'immigration de cellules d'origine périphérique et l'activation de la microglie. Examinons ces différents points.

Certains vaisseaux sanguins peuvent être carrément déchirés par le traumatisme, d'autres sont moins directement touchés mais les cellules formant leur paroi, dites *endothéliales,* dégénèrent et se séparent. Ces altérations pourraient être dues à l'action de radicaux libres sur les lipides de leurs membranes. Dans les deux cas la barrière hémato-encéphalique est rompue. Le contenu des vaisseaux se répand alors dans les espaces extracellulaires, produisant de l'œdème, susceptible, par un effet de compression, de réduire le flux sanguin. Cette réaction œdémateuse s'observe de quelques heures à huit jours après le traumatisme.

Le problème de l'immigration ne concerne pas que les nations ! Il se pose également au niveau cellulaire. Dans la moelle épinière lésée, on constate en effet un afflux de cellules dites *périphériques*, c'est-à-dire extérieures à la moelle épinière. Ces cellules sont bien connues. Il s'agit en effet de différentes catégories de leucocytes, de globules blancs si vous préférez : granulocytes polynucléaires, monocytes/macrophages, lymphocytes. Vous connaissiez ces termes, Marc ?

Oh oui, j'ai chez moi un grand dossier de toutes mes analyses sanguines et autres ! La plupart de ces termes ne me sont pas inconnus. Mais j'ignore totalement ce que sont les macrophages.

Je vais vous en parler très longuement dans un instant. Par ailleurs, en marge de mon exposé, un rappel des différentes catégories de leucocytes (les globules blancs) et de leurs fonctions essentielles ne me paraît pas malgré tout superflu (fiche 2).

Effectivement, Patrick !

Fiche 2. *Les globules blancs ou leucocytes*

Les leucocytes sont des éléments cellulaires formés dans la moelle osseuse et présents dans le sang, la lymphe, les organes lymphoïdes et certains tissus. Ils participent à la réaction immunitaire. Il en existe trois catégories : les polynucléaires (ou granulocytes), les monocytes et les lymphocytes.

Les polynucléaires (12 microns) sont des cellules à noyau en fait unique mais formé de plusieurs lobes. Selon leur coloration par les réactifs courants, on distingue les polynucléaires neutrophiles (de très loin les plus nombreux), les polynucléaires éosinophiles (ou acidophiles) et les polynucléaires basophiles. Les polynucléaires neutrophiles interviennent très activement dans la phagocytose de bactéries introduites dans les tissus après un traumatisme ou une infection.

Les monocytes (17 microns) sont des cellules susceptibles de se transformer en macrophages à haut pouvoir de phagocytose. Les **macrophages** peuvent soit détruire de grosses particules ou des cellules se comportant en antigènes, soit préserver des régions spécifiques (épitopes) de ces cellules-antigènes afin de les présenter aux lymphocytes au cours du déclenchement de la réaction immunitaire.

Les lymphocytes (7 microns) sont également impliqués dans la réaction immunitaire. En se transformant en plasmocytes, les lymphocytes B synthétisent les anticorps circulants. Les lymphocytes T sont responsables de la réaction immunitaire à médiation cellulaire. On distingue les lymphocytes T auxiliaires (helpers) et les lymphocytes T tueurs (killers).

L'immigration des leucocytes s'effectue en deux vagues : une première vague de granulocytes polynucléaires neutrophiles et une seconde vague, plus importante, de monocytes/macrophages. Sans oublier l'immigration de lymphocytes responsables de la réponse immunitaire dite à médiation cellulaire.

Les granulocytes polynucléaires neutrophiles ont pour principale fonction de détruire les bactéries présentes dans les tissus après une atteinte traumatique ou une infection. Mais par leur production de radicaux libres et d'enzymes à action digestive, ils endommagent les tissus et participent ainsi à la formation de la lésion secondaire. Chez le rat, les neutrophiles commencent à infiltrer le site lésionnel et son pourtour dès les premières heures, avec un pic à 12/24 heures. Ils disparaissent dans les cinq jours.

La seconde vague d'immigration est constituée de monocytes/macrophages. Ce terme double signifie en fait que les monocytes sanguins peuvent, dans certaines conditions, se transformer en macrophages. Chez le rat, ces cellules apparaissent dès le deuxième jour après le traumatisme, avec un pic à 5-7 jours, mais peuvent persister au site lésionnel pendant des semaines ou même des mois. Cependant, n'oublions pas que les microgliocytes, cellules gliales propres au tissu nerveux, peuvent également se transformer en macrophages. La question légitime qui se pose alors est de chercher à connaître l'origine exacte des macrophages présents au site lésionnel. Sont-ils d'origine sanguine, donc exogène, ou d'origine locale, donc endogène ? Le nombre relativement grand de ces cellules au site lésionnel plaiderait plutôt en faveur d'une origine principalement exogène.

Mais, quelle que soit leur origine, quel est le rôle exact de ces macrophages dans les lésions de la moelle épinière ?

Ce qu'on sait, c'est que ces cellules assurent d'une part la phagocytose de divers débris cellulaires et d'autre part sécrètent différentes molécules à effets biologiques très larges, certains franchement néfastes, d'autres apparemment bénéfiques.

Précisons. Les propriétés de phagocytose tout d'abord. La phagocytose est l'absorption, l'ingestion puis la digestion de particules solides, par différents types de cellules, à des fins de nutrition (êtres vivants unicellulaires) ou de défense de l'organisme (êtres pluricellulaires). Au niveau de la lésion médullaire, de nombreuses cellules sont détruites ; les portions de fibres nerveuses sectionnées, qui ne sont plus reliées aux corps cellulaires neuronaux, dégénèrent, se fragmentent. C'est la dégénérescence wallérienne dont je vous ai parlé précédemment. Les fragments d'axones et de myéline sont alors phagocytés par les macrophages immigrés, mais ce processus est beaucoup plus lent (des mois !?) que celui qu'on observe pour le système nerveux périphérique (quelques jours seulement). Ces macrophages ont manifestement un pouvoir destructeur sur le tissu nerveux en produisant des cytokines pro-inflammatoires, des radicaux libres, de l'oxyde nitrique et des enzymes digestives.

Désolé de vous interrompre, Patrick, mais les cytokines, je ne connais vraiment pas !

Alors, je vous renvoie à ma fiche 3…et je poursuis.

Mais les macrophages n'auraient pas que des propriétés délétères. Ils auraient aussi un rôle potentiel réparateur en produisant d'autres molécules favorisant la repousse des axones ou la prolifération de cellules « utiles ». Alors, qu'en est-il exactement ? Les macrophages sont-ils de bons ou de mauvais génies ? La réaction inflammatoire en général est-elle favorable ou néfaste à la réparation du tissu nerveux central ? Ces observations *a priori* contradictoires ne simplifient pas les stratégies thérapeutiques : faut-il réduire l'inflammation pour limiter l'extension de la lésion ou au contraire favoriser l'inflammation pour susciter la réparation et la régénération tissulaires ? Pour certains chercheurs il y aurait en fait coexistence de deux populations de macrophages, l'une à action délétère, l'autre à action réparatrice (Kigerl et al. 2009). Une bonne stratégie thérapeutique pourrait dès lors, en théorie, chercher à neutraliser la première et à stimuler la seconde.

D'autres cellules migrantes sont également susceptibles de coloniser le site lésionnel : lymphocytes T (responsables de la réaction immunitaire à médiation cellulaire), cellules de Schwann, cellules méningées, fibroblastes. Les rôles respectifs de ces différents types cellulaires dans la cicatrisation du site lésionnel restent néanmoins imprécis.

LA MORT CELLULAIRE

La mort cellulaire touche indifféremment les neurones et les cellules gliales. Elle se fait selon deux processus physiologiques distincts : *nécrose* (mort cellulaire accidentelle, non programmée), ou a*poptose* (mort cellulaire programmée) (Stoica et Faden 2010) (fiche 4).

LA RÉACTION GLIALE, INHIBITRICE DE LA REPOUSSE AXONALE

La réaction gliale post-traumatique concerne toutes les cellules gliales du système nerveux central : astrocytes, oligodendrocytes, microgliocytes. Les microgliocytes sont réactivés ; ils pourraient avoir une activité cytotoxique vis-à-vis des neurones présents au site lésionnel. Ils peuvent se transformer en macrophages comme nous venons de le voir. Mais l'absence de repousse axonale post-traumatique spontanée, responsable majeure de la persistance des déficits fonctionnels observés, est, elle, très largement imputable à la présence de molécules fortement inhibitrices produites tant par les astrocytes que par les oligodendrocytes. Je parlerai donc successivement de l'inhibition

Fiche 3. *Les cytokines*

Les cytokines sont des protéines ou des glycoprotéines de signalisation intercellulaire, synthétisées par les cellules du système immunitaire ou par d'autres cellules. Elles agissent comme médiateurs de la communication entre cellules pour en réguler l'activité ou la fonction. Elles se distinguent des hormones par un spectre d'activité plus large et par la pluralité de leurs cibles cellulaires. Les principales cytokines sont les interférons, les interleukines et les chimiokines

astrocytaire et de l'inhibition liée à la myéline normalement élaborée par les oligodendrocytes.

Ces deux types de cellules inhibitrices agissent-ils en même temps ? L'un est-il prépondérant ?

Un peu de patience, Marc. Vous aurez bientôt les réponses à vos légitimes interrogations.

Commençons par la ***réaction astrocytaire***, connue depuis fort longtemps et considérée *a priori* comme l'obstacle majeur de la régénération du système nerveux central des mammifères adultes (Sofroniew et Vinters 2010). Mais n'a-t-elle pas aussi un côté moins négatif, voire un rôle bénéfique ? En effet, en isolant le site lésionnel, la réaction astrocytaire contient la réaction inflammatoire et empêche la formation de connexions inadéquates. Cette véritable « cicatrice gliale » diffère à l'évidence de celle des autres tissus par la présence d'astrocytes. Mais bien d'autres types cellulaires peuvent également entrer dans sa composition : microgliocytes activés, cellules méningées, différents types de leucocytes, macrophages, éventuellement fibroblastes (cellules du tissu conjonctif) et cellules de Schwann provenant des racines nerveuses voisines lésées.

Les astrocytes dits réactifs adoptent une morphologie particulière : ils sont plus gros, hypertrophiques, le nombre de leurs prolongements cytoplasmiques augmente. Dans leur cytoplasme on observe un accroissement du nombre de leurs filaments dits intermédiaires, formés par une protéine fibrillaire spécifique, la GFAP (*Glial Fibrillary Acidic Protein*). On note aussi l'augmentation du taux d'une autre protéine intracellulaire, la vimentine. En outre, ces astrocytes réactifs libèrent dans le milieu extracellulaire une quantité accrue de molécules fortement inhibitrices, les CSPG (*Chondroitin Sulfate ProteoGlycan*).

Mais, Patrick, ces termes barbares ont bien des équivalents dans la langue de Molière ?

Fiche 4. *La mort cellulaire : nécrose et apoptose*

La **nécrose** est une mort cellulaire accidentelle, non programmée. On l'observe dans les atteintes traumatiques ou infectieuses, au site lésionnel. La cellule gonfle puis éclate et déverse son contenu dans les espaces extracellulaires, ce qui provoque une réaction inflammatoire.

L'**apoptose** est une mort cellulaire programmée génétiquement. Le noyau se condense, puis se fragmente. La membrane plasmique n'est pas rompue. La cellule se rétracte et est digérée par des macrophages. Ce processus ne provoque pas de réaction inflammatoire. L'apoptose est un véritable suicide cellulaire. Elle s'observe non seulement au cours de processus traumatiques ou pathologiques, mais aussi au cours du développement du système nerveux central où de nombreux neurones embryonnaires excédentaires sont éliminés.

Oui, bien sûr, mais ces équivalents ne sont pratiquement jamais utilisés par les chercheurs français eux-mêmes. Pour être compris au plan international, seule la langue anglaise est de mise. Tous les congrès internationaux et l'immense majorité des publications se font dans la langue de Shakespeare. Je suis sincèrement désolé, Marc. Mais j'irai même plus loin, je suis bien décidé à vous servir prochainement d'autres termes de ce genre, ce qui par ailleurs vous facilitera largement une éventuelle recherche sur internet.

Comme nous venons de le voir, la composition de la cicatrice gliale est complexe mais le constituant essentiel est bien de nature astrocytaire. La réaction gliale s'accroît rapidement au cours des deux premiers jours, les astrocytes se multiplient, augmentant la population initiale. Au cours de la première semaine ils s'accumulent sur les bords du site lésionnel en s'interposant entre la moelle intacte et la moelle lésée. Le nettoyage du site par les macrophages conduit à la formation de cavités bordées par des astrocytes réactifs. La gliose réactive culmine au 14ème jour post-traumatique mais on peut encore l'observer dans les semaines qui suivent.

Au niveau moléculaire, ce sont les CSPG sécrétés par les astrocytes qui apparaissent comme majoritairement responsables de l'inhibition de la repousse des fibres nerveuses. Ils forment en effet une barrière mécanique qui isole les moignons axonaux des composants moléculaires « permissifs » du milieu extracellulaire.

A la mise en accusation des astrocytes réactifs pour entrave à la repousse axonale, il convient cependant d'opposer quelques circonstances atténuantes : 1) cultivés *in vitro* sur lames, donc en deux dimensions (2D), les astrocytes se révèlent, de façon surprenante, très favorables à la croissance axonale. En revanche, leur culture dans des tubes (structure tridimensionnelle 3D) ne montre pas une telle croissance, à l'instar de ce qu'on observe *in vivo,* chez les mammifères adultes ; 2) les astrocytes de la moelle épinière des vertébrés inférieurs (lamproie, salamandre notamment) se montrent franchement permissifs vis-à-vis de la régénération axonale ; 3) dans certaines conditions, une telle permissivité peut même être observée dans la moelle épinière des mammifères adultes, ce qui autorise différentes interprétations telle que l'action de certains facteurs de croissance ou l'existence de sous-populations astrocytaires.

D'un autre côté, l'action purement inhibitrice des CSPG produits par les astrocytes n'apparaît pas que négative : 1) au cours du développement embryonnaire, ils agissent très subtilement en permettant l'établissement de véritables frontières entre différents territoires du système nerveux central ; 2) dans les lésions médullaires, rappelons qu'en isolant le site lésionnel, ils circonscrivent la réaction inflammatoire et empêchent la formation de connexions contre-nature.

L'inhibition myélinique à présent. Contrairement à celle de la réaction astrocytaire inhibitrice, la *découverte d'inhibiteurs associés à la myéline des centres nerveux* est relativement récente. Mais, au cours des dernières décennies, on a pu mettre en évidence une belle collection de molécules inhibitrices de la repousse axonale, étroitement associées à la myéline des oligodendrocytes. Ces molécules agissent en se fixant sur la membrane plasmique de l'axone, plus précisément sur son « cône de croissance ».

Vous ne m'avez jamais parlé de ce « cône de croissance » auparavant. De quoi s'agit-il exactement ?

Effectivement, je vous dois quelques explications. Au cours du développement, les neurones embryonnaires émettent un prolongement cytoplasmique, ébauche de l'axone, qui se termine par une partie renflée en massue, le cône de croissance. Ce cône est une véritable tête chercheuse qui va se frayer un chemin, dans le tissu nerveux en formation, en direction de sa cible synaptique spécifique. Ce long parcours semé d'embûches est en fait jalonné par une suite complexe de *feux rouges* inhibiteurs et de *feux verts* permissifs qui, au total, guident le cône de croissance vers sa cible avec une remarquable précision. Le cône de croissance est riche en éléments du cytosquelette (la charpente cellulaire), notamment en actine (microfilaments protéiques) et en microtubules. Les inhibiteurs myéliniques provoquent ce qu'on appelle le *collapsus*, c'est-à-dire l'effondrement du cône de croissance, en modifiant l'organisation, et par suite la dynamique, de son cytosquelette. Son potentiel de croissance est ainsi totalement bloqué.

Quelques mots sur l'histoire du plus connu de ces inhibiteurs, la protéine « Nogo », qui est insérée dans la membrane plasmique de l'oligodendrocyte. On a d'abord isolé un anticorps contre une fraction myélinique à pouvoir inhibiteur appelé *IN-1*, renfermant l'antigène correspondant. Cet anticorps neutralise l'inhibition myélinique *in vitro*. L'identification ultérieure a conduit à la découverte de la protéine Nogo (ne passe pas, donc ne repousse pas !) (Chen et al. 2000).

Il existe d'autres inhibiteurs myéliniques, notamment ceux qui ont pour sigles ou noms abrégés MAG, OMgp, Sema4D, Ephrin B3, que je vous donne à titre purement indicatif, Marc, soyez rassuré !

Ces inhibiteurs ne sont pas générés spontanément à l'occasion d'une atteinte traumatique du système nerveux central, notamment de la moelle épinière. Ils sont déjà présents chez l'embryon où leur rôle est de concourir à une mise en place correcte des réseaux neuronaux. Au cours de l'évolution, ils sont apparus pour assurer la maturation, puis la stabilisation de la circuiterie neuronale fort complexe des vertébrés supérieurs.

Je réponds à présent, un peu tardivement j'en conviens, à l'une de vos précédentes interrogations. Certaines études montrent que la myéline est plus inhibitrice que les CSPG, d'autres démontrent l'inverse. En réalité il semble bien que ces deux types d'inhibiteurs interagissent et coopèrent.

Tout ce que vous venez de me dire à propos de ces inhibiteurs n'est pas franchement encourageant. N'y-a-t-il vraiment aucune possibilité, même limitée, de réparation spontanée de la moelle blessée ?

Si, j'ai même évoqué cette question précédemment. Et vous venez vous-même de formuler le titre du développement qui suit !

Une réparation spontanée de la moelle épinière est-elle possible ?

La première question générale qui se pose est la suivante : comment les neurones réagissent-ils à la section de leur axone, ce qu'en termes plus savants on nomme *axotomie* ? La réponse théorique est claire : soit ils meurent, soit ils survivent à l'amputation. Monsieur de La Palice n'aurait pas dit mieux ! En général, la mort du neurone est favorisée par une axotomie réalisée trop près du corps cellulaire (mort cellulaire dite rétrograde ou *die-back*).

Dans la moelle épinière lésée, la plupart des neurones, qu'ils soient entièrement localisés dans la moelle ou qu'ils s'y projettent, survivent en fait longtemps à l'axotomie. On observe même un début de régénération, de bourgeonnement axonal, attesté par la réexpression d'une protéine normalement exprimée au cours du développement, la GAP-43 (*Growth Associated Protein 43*), véritable marqueur de la *plasticité** neuronale. C'est d'ailleurs une protéine majeure des cônes de croissance. Une repousse (élongation) axonale sur 1 mm peut même être observée à proximité du site lésionnel mais ces tentatives régénératrices sont de toute façon vouées à l'échec (régénération dite « abortive »). Les pousses régressent et les axones se rétractent.

D'autres questions se posent : qu'en est-il des circuits neuronaux propres de la moelle épinière localisés en dessous de la lésion médullaire ? Comment s'adaptent-ils à cette nouvelle situation ? Dans le cas de lésions incomplètes, quel nombre minimum de fibres nerveuses est-il nécessaire pour restaurer une activité fonctionnelle appréciable ?

J'ai évoqué précédemment l'existence de réseaux neuronaux autonomes entièrement localisés dans la moelle épinière et capables de programmer une activité motrice rythmique telle que la nage ou la marche. Ce sont les fameux CPG (*Central Pattern Generators**). Ces réseaux sont activés par des stimulations sensorielles. Suspendu par les bras, les pieds touchant légèrement le sol (qui joue le rôle d'un activateur sensoriel), un bébé nouveau-né répond par des mouvements rythmés de marche alors que ses faisceaux cortico-spinaux moteurs volontaires ne sont pas encore formés.

Par ailleurs, des expériences de lésions médullaires chez le rat adulte ont montré que diverses fonctions de posture, et éventuellement de locomotion, pouvaient être sauvegardées après section de plus de 90 p. cent des fibres nerveuses de la substance blanche ! Une autre expérience chez le rat adulte a montré qu'un déplacement sur un plan incliné pouvait être complètement préservé lorsqu'un nombre minimal de 5000 fibres nerveuses étaient épargnées sur un total de 360.000 ! (Eidelberg et al. 1977). Dans ces expériences les fibres préservées maintiennent leur contrôle sur les CPG. Chez des paraplégiques incomplets, on peut parfois observer la repousse de fibres nerveuses motrices et/ou de fibres nerveuses sensitives dans la portion sous-lésionnelle de la moelle. Cette repousse peut conduire à des réorganisations anatomiques et fonctionnelles des circuits neuronaux qui peuvent être soit bénéfiques (contrôle central des réseaux spinaux), soit inadaptées (douleurs neurogéniques, spasticité*, c'est-à-dire contractures et spasmes incontrôlés).

L'ensemble de ces observations démontre en effet qu'après lésion il existe un fort potentiel de réorganisation dans la moelle épinière sous-lésionnelle. Cette fenêtre de plasticité, *a priori* favorable mais cependant transitoire et limitée, devrait permettre la mise en œuvre de stratégies expérimentales adaptées à cette opportunité.

Réparer la moelle épinière blessée : un défi titanesque

Les développements précédents nous ont permis de comprendre la nature exacte de la lésion médullaire, de faire en quelque sorte un état des lieux, d'établir un diagnostic. Ces recherches se poursuivent car certains aspects restent encore insuffisamment compris et/ou explorés. Mais les chercheurs disposent à présent d'une base suffisante pour développer, d'abord chez l'animal, des stratégies réparatrices adaptées au constat qui vient d'être fait.

Ces stratégies à visée thérapeutique sont développées selon plusieurs thématiques : 1) la neuroprotection, dans le but de limiter l'extension de la lésion primaire ; 2) le maintien en vie des neurones et des cellules gliales ; 3) la régénération et l'élongation de l'axone ; 4) la thérapie cellulaire ; 5) la thérapie génique ; 6) la vaccination thérapeutique ; 7) les multi-thérapies ; 8) la réactivation du générateur spinal de marche. Ce découpage est cependant relativement artificiel, ces différentes approches pouvant s'imbriquer entre elles. En fait, en simplifiant quelque peu, on peut considérer que les deux grands axes de recherche sont, à court terme la neuroprotection (points 1 et 2), et à moyen et long termes le rétablissement de connexions anatomiques fonctionnellement utiles (points 3 à 8).

Protéger la moelle épinière blessée : la neuroprotection

Chez l'homme, l'extension de la lésion primaire initiale en lésion dite secondaire se produit dans les quelques heures qui suivent l'atteinte traumatique. Une neuroprotection efficace doit donc être mise en œuvre dans une très courte fenêtre temporelle, de l'ordre de huit heures.

Si je vous suis bien, il y a bien longtemps qu'il n'y a plus d'espoir pour moi de ce côté-là. Je n'ai d'ailleurs pas souvenir d'un quelconque traitement de ce genre qui m'aurait été administré à mon arrivée à l'hôpital.

Vous avez malheureusement raison sur ce point, Marc, mais sur ce point seulement. Sachez qu'en dehors des études sur la neuroprotection, la plupart des recherches actuelles, dont les résultats sont d'ores et déjà très encourageants, concerne à l'évidence le traitement des lésions anciennes, dites chroniques, ce qui est votre cas et celui de la grande majorité des paraplégiques.

Vous savez, Patrick, je souhaite vraiment comprendre l'ensemble des problèmes qui se posent à tous les blessés de la moelle épinière et avoir une pleine connaissance des solutions thérapeutiques qui peuvent être proposées, même celles qui ne peuvent plus me concerner.

C'est tout à votre honneur, Marc. Je poursuis donc sur la neuroprotection. De nombreuses recherches, tant fondamentales que cliniques, sont consacrées à ce problème. En effet limiter ou, mieux, totalement contrer cette extension, permettrait de réduire les séquelles dramatiques de la lésion médullaire et de rendre plus efficaces les approches de rééducation motrice. A priori le problème paraît plus simple que celui consistant à rétablir les connexions anatomiques et fonctionnelles perdues. Cette vision est en réalité quelque peu simpliste et même trompeuse, compte tenu de l'extrême complexité des processus cellulaires et moléculaires impliqués dans l'extension de la lésion initiale. D'où la multiplicité et la variété des stratégies ayant pour but de réduire la réaction œdémateuse, l'entrée massive de calcium dans les cellules, la libération de glutamate (neurotransmetteur excitateur), la production de radicaux libres, la peroxydation des lipides, la réaction inflammatoire, la mort cellulaire. Dans le meilleur des cas, ces actions peuvent favoriser un certain degré de récupération fonctionnelle (appréciée par une amélioration des tests moteurs). Les molécules utilisées ayant souvent des effets multiples, je préfère les passer carrément en revue plutôt que d'appréhender successivement les diverses stratégies de neuroprotection qui viennent d'être évoquées. Les effets de ces molécules sont estimés par deux approches souvent conjointes : tests *in vivo* de récupération motrice et, après sacrifice des animaux, observation microscopique de coupes de tissus pratiquées dans la zone lésionnelle.

Ces molécules ont toutes été testées chez l'animal mais plusieurs d'entre elles ont déjà fait l'objet d'essais cliniques. En voici la liste, quelque peu rébarbative, j'en conviens, mais vous l'avez voulu ! Et encore, je ne vous cite que les principales : méthylprednisolone (MP), naloxone, tirilazad, GM-1 (sygen), gacyclidine (GK-11), nimodipine, riluzole, minocycline, érythropoïétine (le fameux EPO), TRH, inhibiteurs de la COX-2, inhibiteurs de la calpaïne, magnésium. Vérifiez vos boîtes de médicaments, vous en trouverez surement quelque unes ! Le riluzole a fait récemment l'objet d'une attention particulière (Wilson et al. 2014). Si vous voulez en savoir davantage, Marc, je vous invite à consulter ma fiche complémentaire n° 5. En plus de ces traitements pharmacologiques il convient d'ajouter « les techniques d'hypothermie », remises au goût du jour après plusieurs décennies d'abandon.

Qu'est-ce qu'on fait au juste ? On refroidit le malade ?

Effectivement Marc ! C'est une technique, locale ou systémique (par voie sanguine), qui a donné des résultats très mitigés chez l'animal. En clinique, les essais réalisés dans les années 1970 n'ont pas été poursuivis mais il semble qu'il y ait actuellement un regain d'intérêt pour ce genre de thérapie.

Maintenir en vie les neurones et les cellules gliales

Ce chapitre rentre en fait dans le cadre général de la neuroprotection. La lésion primaire initiale et son extension

FICHE 5. *Les molécules à action neuroprotectrice*

La grande vedette de la neuroprotection a été longtemps la **méthyl-prednisolone** (en abrégé MP), glucocorticoïde réduisant l'œdème et la réaction inflammatoire. Très utilisée en clinique par les américains dès les années 1960-1670, cette molécule a cependant donné lieu à d'historiques controverses. De façon paradoxale, les recherches sur l'animal sont relativement récentes et peu nombreuses, et sont largement motivées par la nécessité de revenir à une expérimentation pré-clinique sur le rat adulte pour répondre à certaines interrogations posées par les essais cliniques. Chez le rat, l'action neuroprotectrice de la MP s'avère assez large : réduction de l'œdème et de la réaction inflammatoire, réduction de la libération de glutamate, diminution de la production de radicaux libres et de la peroxydation des lipides (action anti-oxydante). Avec une fenêtre thérapeutique cependant beaucoup plus courte (30 minutes) que chez l'homme (8 heures). L'effet anti-inflammatoire pourrait s'expliquer par le blocage de l'invasion de la moelle lésée par des leucocytes polynucléaires et des macrophages. En revanche la MP ne paraît pas avoir d'action protectrice sur la mort cellulaire précoce liée à l'ischémie. D'autres études ont donné des résultats quelque peu différents, voire relativement négatifs, créant ainsi une certaine confusion.

Dans ce même contexte cependant, des études plus récentes sur d'autres stéroïdes, notamment des oestrogènes, ont conduit à des résultats franchement bénéfiques : neuroprotection, réduction de la gliose réactionnelle, survie neuronale, amélioration des tests moteurs.

Egalement testée en clinique et véritable concurrente de la MP, la **naloxone** améliore la récupération fonctionnelle, après lésion médullaire contuse, en maintenant un flux sanguin adéquat.

Les glucocorticoïdes tels que la MP ont malheureusement des effets secondaires délétères dus à la structure même de leurs molécules. D'où la mise au point et l'utilisation de stéroïdes non-glucocorticoïdes tels que les *lazaroïdes*, notamment l'un d'entre eux, le **tirilazad**. Dans un modèle de compression médullaire chez le rat adulte, cette molécule, sous la forme tirilazad mésylate, s'est montrée active en réduisant significativement la peroxydation des lipides.

Le ganglioside **GM-1** (sygen) se trouve en abondance dans les membranes plasmiques des neurones de mammifères. Son rôle est très important dans le développement des centres nerveux. L'administration de GM-1 exogène aurait un effet neuroprotecteur et stimulerait la repousse axonale, mais son usage thérapeutique n'a cependant fait l'objet d'aucune recommandation.

L'ischémie, l'anoxie et la rupture de la barrière hémato-encéphalique, conséquences immédiates du choc traumatique, provoquent une série de dérèglements dont le plus spectaculaire est sans nul doute l'augmentation précoce et brutale du neurotransmetteur glutamate, excitateur, qui, à son tour, déclenche une entrée intracellulaire massive de calcium aux effets dévastateurs. Expliquons un peu. Le glutamate se fixe normalement sur des récepteurs spécifiques localisés dans la membrane plasmique du neurone, ce qui provoque l'ouverture de minuscules canaux (les canaux ioniques) à travers lesquels passent les ions calcium. Lors du choc traumatique, ces phénomènes sont considérablement augmentés et deviennent délétères. La **gacyclidine ou GK-11** (groupe chimique des phencyclidines), en occupant l'intérieur des canaux ouverts, s'oppose à cette entrée massive de calcium. Cette molécule a par conséquent un effet neuroprotecteur assez efficace : *in vitro,* en prévenant la mort spontanée des neurones, *in vivo* en améliorant les scores moteurs et en réduisant la zone lésionnelle.

La **nimodipine** est un bloquant des canaux calcium qui a un effet relaxant sur la musculature lisse en général et sur celle qui entoure les vaisseaux cérébraux en particulier, ce qui permet, en théorie, d'accroître le flux sanguin dans les zones ischémiées. Malheureusement les résultats obtenus par l'administration de cette molécule, tant à l'animal qu'à l'homme, restent, dans l'ensemble, plutôt décevants.

Le **riluzole** agit notamment en inhibant la libération de glutamate. Cette molécule a montré un effet favorable sur la récupération fonctionnelle post-traumatique, probablement par un effet neuroprotecteur

du tissu nerveux périlésionnel. Des recherches récentes ont en outre montré que l'action particulièrement bénéfique de cette molécule, en termes de réduction de la perte neuronale, de l'infiltration macrophagique et de l'astrogliose, apparaissait particulièrement prometteuse dans le cadre des stratégies neuroprotectrices à favoriser.
Certaines équipes de recherche ont constaté que la **minocycline** réduisait la mort cellulaire et améliorait la récupération fonctionnelle mais d'autres n'ont pas obtenu des résultats aussi significatifs.

L'**EPO** (érythropoïétine) est bien connue du grand public pour ses effets spectaculaires sur les sportifs de haut niveau qui osent en prendre, notamment celui d'augmenter le nombre de globules rouges. Mais ce n'est pas le seul effet de cette molécule. Chez le rat, l'EPO réduit la réaction inflammatoire et la mort cellulaire programmée (apoptose) et améliore la récupération fonctionnelle post-traumatique.

L'hormone hypophysaire **TRH** (*Thyrotropin-Releasing Hormone*) agit normalement sur la sécrétion de l'hormone thyroxine par la thyroïde. Après lésion médullaire, son administration améliore la récupération fonctionnelle chez le chat et le rat. Cependant des chercheurs ont mis au point des molécules voisines de la TRH n'ayant pas ses propriétés endocrines, mais augmentant son action neuroprotectrice. Leurs effets très positifs sur la récupération motrice et cognitive sont même supérieurs à ceux obtenus avec la naloxone.

La **COX-2** est une enzyme impliquée dans le développement de la lésion secondaire. Divers inhibiteurs de cette enzyme ont une action anti-inflammatoire neuroprotectrice et améliorent la récupération neurologique.

Dans les lésions médullaires, l'activation de l'enzyme **calpaïne** a des effets franchement délétères, notamment celui de dégrader de nombreuses protéines. Certains travaux ont montré le rôle neuroprotecteur des inhibiteurs de cette enzyme.

Le **magnésium** est utilisé depuis longtemps en clinique dans le traitement des traumatismes cérébraux. Testé récemment, sur des modèles animaux de lésions médullaires, sous forme de sulfate ou de chlorure, le magnésium réduit l'infiltration de leucocytes polynucléaires neutrophiles et la peroxydation des lipides. Son action neuroprotectrice est donc largement confirmée.

entraînent la mort de très nombreuses cellules, neurones et cellules gliales notamment. Quels sont les neurones concernés ? A l'évidence, d'abord ceux dont les corps cellulaires sont localisés au cœur du site lésionnel (motoneurones, interneurones). Ces neurones sont immédiatement tués par un processus de nécrose totalement imparable. A quelque distance de ce site, les mêmes neurones peuvent être conduits à un véritable suicide cellulaire, l'apoptose (fiche 4), les conditions de leur environnement étant devenues très critiques.

A présent qu'en est-il des neurones dont les corps cellulaires sont localisés en dehors de la moelle épinière, notamment dans l'encéphale, mais dont les axones s'y projettent en formant les faisceaux descendants et ascendants ? Ces neurones sont axotomisés (sectionnés) ou à tout le moins gravement endommagés au niveau de la lésion. Nous avons vu précédemment qu'ils peuvent soit mourir, soit survivre à cette axotomie. Nécrose et apoptose touchent également toutes les catégories de cellules gliales.

Chronologiquement, on distingue deux vagues d'apoptose : la première, précoce (de la 1ère à la 6ème heure), est de peu d'importance et touche indifféremment les neurones et les cellules gliales ; la seconde, plus tardive (après une semaine) et de plus grande ampleur, ne concerne que les oligodendrocytes et les cellules microgliales.

Comment sauver les soldats neuronaux et gliaux de ce massacre ? En d'autres termes, quelles sont les stratégies envisagées pour prévenir la mort cellulaire ? A l'évidence aucune intervention ne peut être envisagée pour la nécrose touchant les cellules situées au cœur du site lésionnel. Pour les autres, une bonne oxygénation des tissus et l'administration des différentes molécules neuroprotectrices que nous venons de mentionner, devrait permettre, en théorie, d'épargner bon nombre de neurones et de cellules gliales localisées au voisinage de la lésion. Cette action est non spécifique.

Effectivement, je me souviens qu'on m'a posé un masque à oxygène dès l'arrivée des secours.

En revanche une action plus spécifique, mieux ciblée, suppose une bonne connaissance des mécanismes cellulaires et moléculaires qui sous-tendent les processus de mort cellulaire, notamment ceux de l'apoptose, ce qui est encore loin d'être le cas. Les voies métaboliques conduisant à la mort cellulaire programmée sont en effet multiples, ce qui complique sérieusement les approches thérapeutiques. Doit-on recourir à plusieurs molécules agissant chacune spécifiquement sur l'une de ces voies, ou à une seule molécule à effet polyvalent ?

Quelles sont tout d'abord les cellules à sauver en priorité ? Les neurones ou les cellules gliales ? En fait, dans les lésions médullaires, le « sauvetage » des motoneurones localisés à proximité du site lésionnel n'a rien de prioritaire, ce qui peut surprendre *a priori*. Perdre quelques motoneurones n'est pas ici essentiel, contrairement à certaines situations pathologiques telles que la sclérose latérale amyotrophique* (maladie de Charcot) ou l'atrophie musculaire spinale progressive*.

Pour ce qui concerne les atteintes traumatiques de la moelle épinière, les stratégies de survie cellulaire vont en fait cibler prioritairement les oligodendrocytes. Pourquoi ? Parce que l'un des problèmes majeurs de la restauration fonctionnelle est la remyélinisation des axones épargnés par la lésion, mais cependant démyélinisés (souvent à distance du site lésionnel), ainsi que la myélinisation des éventuelles repousses axonales (Plemel et al. 2014). Souvenez-vous que la transmission rapide des messages nerveux ne se fait que dans les fibres nerveuses pourvues d'une gaine de myéline. Or cette gaine de myéline est élaborée, dans les centres nerveux, par les oligodendrocytes. C.Q.F.D. La plupart des oligodendrocytes qui ne survivent pas au choc traumatique sont tués par apoptose différée de quelques jours, voire de quelques semaines, ce qui laisse du temps au temps !

En profitant de cette fenêtre temporelle, quelles sont les molécules susceptibles de favoriser la survie cellulaire, notamment celle des oligodendrocytes ? En principe la plupart des molécules neuroprotectrices vues précédemment, avec quelques variations sur un même thème : MP, GM-1, minocycline, TRH, notamment. La remarquable polyvalence (actions bénéfiques multiples) du TRH se révèle particulièrement favorable à la survie cellulaire.

Une mention particulière doit être accordée à une famille de protéines apparentées à la protéine Bcl-2. Ces protéines sont en effet des régulateurs de l'apoptose. *In vitro*, certains représentants de cette famille inhibent le processus d'apoptose (c'est le cas de Bcl-2), d'autres au contraire la favorisent (c'est le cas de BAX). Dans ce contexte, des souris génétiquement déficientes en BAX se sont montrées particulièrement résistantes vis-à-vis de l'apoptose oligodendrocytaire.

Si l'on estime que ces stratégies de sauvetage cellulaire sont trop aléatoires, on peut envisager de remplacer les cellules gliales et les neurones perdus de façon définitive par des cellules neuves (cellules embryonnaires ou cellules souches) en les transplantant soit au site lésionnel, soit en position sous-lésionnelle selon les cas. Je traiterai cet important sujet ultérieurement.

Comme tout un chacun, j'ai bien sûr entendu parler de ces fameuses cellules souches. Je suis impatient de con-

naître les résultats de leur utilisation dans le domaine qui me concerne en premier chef.

Un peu de patience, Marc ! Pour le moment permettez-moi d'évoquer le problème de la régénération des axones, prélude indispensable à une restauration des connexions anatomiques et fonctionnelles perdues.

Favoriser la repousse axonale

Après lésion de la moelle épinière, chercher à rétablir des connexions fonctionnelles utiles et durables constitue un axe majeur des recherches fondamentales et cliniques. C'est la grande question et de loin la plus complexe.

Pour faire simple, expliquons les problèmes théoriques qui se posent au niveau d'une seule fibre nerveuse myélinisée. Au moment du choc traumatique, supposons que cette fibre soit sectionnée. Je vous ai dit précédemment que, dans ce cas, le bout distal de cette fibre dégénère, car déconnecté de son corps cellulaire. L'axone et la myéline se fragmentent et leurs débris sont plus ou moins rapidement phagocytés par des macrophages. L'axone du bout proximal sectionné (axotomisé) reste en revanche en continuité avec le corps cellulaire correspondant. Première condition *sine qua non*, le neurone doit survivre à ce genre d'élagage sévère et son moignon axonal former un cône de croissance très actif. Cette véritable tête chercheuse doit d'abord, pour retrouver sa cible d'origine et rétablir une connexion fonctionnellement utile, progresser dans un milieu franchement hostile où sont présents de nombreux facteurs inhibiteurs. A supposer que tous les obstacles soient circonvenus, l'axone régénéré doit enfin être remyélinisé afin d'assurer une conduction optimale de l'influx nerveux.

Rappelons que le système nerveux central lésé des mammifères adultes constitue un milieu hostile, « non permissif » de la régénération axonale, en raison de l'existence de nombreux facteurs inhibiteurs gliaux (astrocytaires ou liés à la myéline élaborée par les oligodendrocytes). Les stratégies expérimentales régénératives vont donc consister à : 1) neutraliser les inhibiteurs ; 2) « doper » les neurones en régénération ; 3) utiliser des substrats ou des molécules susceptibles de favoriser le guidage et l'élongation de ces axones ; 4) substituer au milieu défavorable central un milieu nouveau, transplanté, beaucoup plus « permissif » vis-à-vis de la croissance des axones ; 5) améliorer la conduction axonale de l'influx nerveux. Ces différentes approches expérimentales pouvant être éventuellement combinées.

NEUTRALISER LES INHIBITEURS

Les inhibiteurs majeurs de la régénération axonale sont d'une part produits par les astrocytes réactifs et d'autre part présents dans la myéline élaborée par les oligodendrocytes (Silver et al. 2014). Il convient d'y ajouter le collagène produit par les fibroblastes (cellules conjonctives). Les différentes approches expérimentales consistent par conséquent, d'une part à chercher à réduire la réaction gliale astrocytaire et la production de collagène, et d'autre part à neutraliser les inhibiteurs myéliniques.

Réduire la gliose astrocytaire

Une mise au point, tout d'abord. Les astrocytes doivent-ils être réellement considérés comme des éléments néfastes, voire pervers, qu'il faut à tout prix combattre ? En aucune façon ! Je vous rappelle que, dans le système nerveux central intact, les astrocytes, beaucoup plus nombreux que les neurones, sont des cellules essentielles au développement (migration et mise en place des neurones embryonnaires, formation de la barrière hémato-encéphalique), puis au fonctionnement complexe et harmonieux des centres nerveux parvenus à maturité : maintien de l'équilibre entre les différents ions, activité anti-oxydante, capture de neurotransmetteurs, participation au système immunitaire et aux fonctions intégratives des centres nerveux (neuromodulation). Même les astrocytes dits réactifs ont, pourrait-on dire, une action « globalement positive » en isolant le site lésionnel du tissu nerveux resté sain, en manifestant une activité anti-oxydante très efficace, en empêchant la formation de connexions nerveuses inappropriées.

Ces effets positifs correspondent en fait à un processus de cicatrisation, phénomène universel observé chez l'ensemble des êtres vivants. On parle d'ailleurs de « cicatrice gliale ». Mais cicatrisation ne signifie pas régénération c'est-à-dire restauration complète, à l'identique, d'une structure amputée, comme celle qu'on peut observer chez un triton ou une salamandre. Sectionnée, la patte de ces amphibiens régénère, pas celle amputée d'un rat, dont la plaie cicatrise malgré tout. Par ailleurs, chez les amphibiens adultes et les embryons, éventuellement les nouveau-nés de mammifères, les astrocytes favorisent la repousse axonale.

Rien de tel chez les mammifères adultes. Chez eux, à la suite du choc traumatique, les astrocytes présents au site lésionnel deviennent « réactifs », c'est-à-dire hypertrophiques. Ils sur-expriment la protéine fibrillaire GFAP, ré-expriment la vimentine (protéine filamenteuse non spécifique) et libèrent des constituants de la *matrice extracellulaire**, les CSPG, fortement inhibiteurs de la croissance axonale.

Les astrocytes responsables de la gliose réactive ont en fait une double origine : en plus de ceux présents au site lésionnel au moment du choc traumatique, des astrocytes nouveaux, produits par la prolifération de précurseurs localisés autour du canal central de la moelle épinière, migrent vers la zone lésionnelle et se transforment également en astrocytes réactifs.

Que faire, alors, pour tenter de réduire cette gliose réactionnelle ?

Les approches expérimentales, développées depuis maintenant plusieurs décennies, sont très variées : utilisation de rayons X, d'anticorps, d'enzymes, de dérivés du cholestérol, de diverses autres molécules, recours à des animaux transgéniques. Cependant, le mécanisme d'action de ces différentes approches n'est pas toujours clair : action contre l'hypertrophie (augmentation du volume cellulaire), l'hyperplasie (prolifération cellulaire) ou les deux à la fois ? D'une façon générale l'irradiation X de lésions médullaires, chez le rat adulte, réduit la gliose réactive et améliore les performances motrices. Après section unilatérale du faisceau cortico-spinal, on observe une repousse des fibres nerveuses de ce faisceau. Par ailleurs, la gliose réactive a pu être inhibée en utilisant soit des anticorps contre des marqueurs spécifiques des astrocytes réactifs, soit des dérivés du cholestérol tels que les oxystérols ou la progestérone, ou encore en bloquant la synthèse de la GFAP et/ou de la vimentine. Dans ce contexte, une autre approche particulièrement élégante, mise en œuvre par l'équipe d'Alain Privat (Menet et al. 2003), à Montpellier, a consisté à utiliser des souris dont les gènes codant la GFAP et la vimentine ont été neutralisés (souris dites *knock-out* ou KO). Une hémisection de leur moelle est alors pratiquée à un niveau thoracique bas. Après un délai suffisant, on constate que la cicatrice gliale ne se forme pas et que des fibres nerveuses sérotoninergiques (la sérotonine est un neurotransmetteur impliqué notamment dans le contrôle de la locomotion) et cortico-spinales, issues du côté intact, croissent et atteignent leurs cibles normales du côté opposé, en dessous du niveau lésionnel. Par ailleurs la patte paralysée retrouve une partie de sa fonction.

Une autre approche expérimentale consiste à neutraliser non plus l'action de la GFAP, élaborée à l'intérieur même des astrocytes, mais celle des CSPG (*Chondroitin Sulfate ProteoGlycan*) sécrétés à l'extérieur de ces cellules et tout aussi redoutables vis-à-vis de la repousse axonale. Dans ce but, on utilise une enzyme capable de détruire les CSPG, la chondroïtinase ABC (ChABC). Dans ces conditions, les chercheurs ont observé une repousse de fibres nerveuses sensitives (ascendantes) et motrices (descendantes), notamment cortico-spinales, ainsi qu'une amélioration des performances sensori-motrices (Barritt et al. 2006). Plus récemment, une équipe du King's College de Londres a en outre montré un net effet neuroprotecteur de cette enzyme (Bartus et al. 2014).

Réduire la production de collagène

La cicatrice gliale n'est pas uniquement constituée d'astrocytes. Elle comporte également des fibroblastes issus des méninges. Ces cellules prolifèrent et produisent une quantité accrue de collagène IV, inhibiteur de la repousse axonale. Après un traitement « anti-cicatriciel » réduisant la prolifération fibroblastique, on a pu observer la repousse de différentes catégories de fibres nerveuses descendantes, notamment cortico-spinales. Ces observations n'ont cependant pas été complétées par des études comportementales.

Neutraliser les inhibiteurs de la myéline.

On a longtemps estimé que l'absence de repousse axonale dans les centres nerveux des mammifères adultes n'était imputable qu'à la seule réaction gliale astrocytaire. Mais à partir des années 1980, de très importantes recherches, menées principalement, mais pas uniquement, par l'équipe zurichoise de Martin Schwab, ont mis en évidence l'existence de composés myéliniques fortement inhibiteurs de cette repousse. Les différentes étapes de cette remarquable expérimentation méritent d'être relatées de façon relativement détaillée.

Un constat tout d'abord. Au cours du développement, la fin de la période au cours de laquelle la croissance des axones est possible correspond au début de la différenciation des oligodendrocytes et *ipso facto* de la formation de myéline. Cette évolution est normale et nécessaire car elle permet de stabiliser la structuration des centres nerveux parvenus à maturité.

Désolé, je ne comprends pas ce que vous voulez dire !

Bien. Je vais tenter d'être plus explicite, avec l'exemple suivant. Au cours du développement embryonnaire les différents faisceaux nerveux descendants issus du cerveau ne « colonisent » pas la moelle épinière en même temps. Imaginons qu'un premier faisceau se mette en place tout le long de la moelle épinière, puis que ses fibres se myélinisent. Si un deuxième faisceau croît de même dans la moelle épinière, mais plus tardivement, ses fibres ne se mélangerons pas à celles du premier faisceau car elles seront en quelque sorte repoussées par les constituants inhibiteurs des fibres myélinisées du premier faisceau. Ce second faisceau se mettra donc en place correctement, en principe parallèlement au premier. Et ainsi de suite. Vous avez compris ?

Cette fois, je crois que oui.

Diverses observations confirment cette évolution. En culture, des neurones dissociés régénèrent leurs prolongements indifférenciés (appelés *neurites*) lorsqu'ils sont au contact d'explants de nerf sciatique mais pas lorsqu'ils sont au contact d'explants de nerf optique (Schwab et Thoenen 1985). Expliquons. Le nerf sciatique est un nerf périphérique, ses cellules gliales sont des cellules de Schwann. Le « nerf optique » est, en revanche, une expansion du système nerveux central, ses cellules gliales sont des astrocytes et des oligodendrocytes. Toujours en culture, des neurones sensitifs de ratons nouveau-nés forment des neurites au contact de coupes épaisses de nerf sciatique ou de nerf optique de poisson mais pas au contact de coupes identiques de nerf optique, de cerveau ou de moelle épinière de rats adultes. Plus finement, des oligodendrocytes cultivés avec des neurones provoquent le collapsus (effondrement) de leurs cônes de croissance en formation (Bandtlow et al. 1990). Il en va de même en présence de myéline isolée à partir des centres nerveux.

Au niveau subcellulaire les chercheurs ont purifié une fraction myélinique contenant des protéines membranaires inhibitrices, constitutives des oligodendrocytes et de la myéline centrale, référencées NI-35 et NI-250. En se fixant sur des récepteurs membranaires neuronaux, ces constituants déclencheraient une cascade de réactions conduisant au collapsus des cônes de croissance. Les inhibiteurs myéliniques IN-1 et IN-250 ayant été clairement identifiés, les chercheurs ont pu obtenir des anticorps contre ces protéines, notamment l'anticorps Mab IN-1 (*Monoclonal antibody IN-1*). Tant *in vitro* qu'*in vivo*, cet anticorps empêche le collapsus du cône de croissance et favorise la croissance neuritique sur des substrats normalement inhibiteurs tels que la substance blanche, la myéline centrale, les oligodendrocytes et des explants de nerf optique (Caroni et Schwab 1988).

Si la myéline est inhibitrice de la repousse axonale, supprimons-la chez l'animal (Savio et Schwab 1990) ! Eh bien, quoique surprenant, c'est tout à fait possible ! Des ratons nouveau-nés sont soumis à des irradiations répétées par les rayons X qui éliminent les oligodendrocytes. Après un délai de deux à trois semaines, la moelle épinière de ces animaux s'avère totalement dépourvue de myéline. On sectionne alors les deux faisceaux cortico-spinaux (dorsaux chez le rat mais ventraux et latéraux chez l'homme). Deux à quatre semaines après cette section, on constate, par un marquage axonal antérograde, la repousse de fibres nerveuses cortico-spinales sur de longues distances, en direction caudale.

Autre approche expérimentale : administration de l'anticorps Mab IN-1 à de jeunes rats pareillement opérés mais non irradiés. Là encore on observe la repousse et l'élongation d'un petit nombre de fibres cortico-spinales sur de longues distances (Schnell et Schwab 1990).

Dans ces conditions, la protéine de croissance GAP-43 (*Growth-Associated Protein 43*) est fortement exprimée. En effet, cette protéine est un bon marqueur de la régénération axonale et de la plasticité structurale. Sa distribution est d'ailleurs inversée par rapport à celle de la myéline et à celle des inhibiteurs myéliniques.

Au tournant du siècle, la purification des fractions NI-35/250 par différentes équipes a conduit à l'isolement d'une protéine qui a été appelée « Nogo » car elle bloque la régénération axonale (Chen et al. 2000). Par la suite, trois équipes indépendantes ont fabriqué des souris mutantes *knock-out* pour le gène programmant la synthèse de la protéine Nogo dans l'espoir de favoriser la repousse de fibres cortico-spinales après lésion médullaire. Avec des résultats très différents et quelque peu décevants : repousse significative, faible ou nulle selon les équipes !

Autre protocole expérimental, mis en œuvre par l'équipe zurichoise (Buchli et Schwab 2005) : implantation d'un *hybridome* sécrétant l'anticorps MAb IN-1, anti-Nogo, chez des rats adultes ayant subi une section de leurs faisceaux cortico-spinaux. Avec un succès certain : amélioration significative des scores moteurs.

Qu'est-ce qu'un hybridome ?

Au niveau cellulaire, un hybridome résulte de la fusion d'un lymphocyte normal avec une cellule cancéreuse, permettant ainsi la sécrétion massive et durable d'un anticorps monoclonal.

Plus récemment, une expérimentation du même genre a permis le rétablissement de la dextérité manuelle chez des singes adultes ayant subi une lésion unilatérale de la moelle épinière cervicale (Freund et al. 2009). Des essais cliniques impliquant cet anticorps sont en cours.

« DOPER » LES NEURONES

Au cours du développement de nombreux facteurs de croissance ou *facteurs neurotrophiques** (en anglais *growth factors*) sont produits par différentes cellules cibles : neurones, cellules musculaires, cellules sensorielles. Ces facteurs, de nature protéique, contrôlent la survie des neurones, la croissance axonale, la plasticité des synapses et la transmission des messages nerveux.

Une véritable potion magique, si je vous suis bien !

Potion, je veux bien, magique, c'est à nuancer ! Le premier facteur de croissance qui ait été caractérisé est le NGF (*Nerve Growth Factor*). Il a valu le prix Nobel de médecine 1986 à Rita Levi-Montalcini (conjointement avec Stanley Cohen) qui l'a découvert. Cette éminente biologiste est décédée en 2009 à l'âge de 103 ans. Vous voyez Marc, la science conserve ! Le NGF est essentiellement actif sur les neurones sensitifs. La production des différents facteurs de croissance est fortement diminuée, mais non nulle, chez l'animal adulte. Ces facteurs assurent manifestement la maintenance des structures nerveuses en place. Après une lésion médullaire, leur synthèse n'est apparemment pas réactivée de façon suffisamment efficace. D'où l'utilisation de facteurs neurotrophiques purifiés qu'il est possible d'administrer à hautes doses. Dans ces conditions, ces facteurs se montrent généralement actifs sur la repousse axonale de nombreuses populations de neurones. On peut les délivrer sous forme de cocktails (Chehrehasa et al. 2014) ou les associer à d'autres approches thérapeutiques dans une démarche de multithérapie. Ces facteurs sont très nombreux, notamment ceux qui agissent en retour sur le motoneurone, véritable neurone carrefour, il est vrai, de la moelle épinière : BDNF, NT-3, NT-4/5, GDNF, CTNF, IGF-1, FGF-5 !! A ne pas retenir, Marc, soyez rassuré, je ne voulais que vous impressionner !

C'est tout à fait réussi, Patrick !

UTILISER DES SUBSTRATS ET DES MOLÉCULES FAVORISANT L'ADHÉRENCE, LE GUIDAGE ET L'ÉLONGATION DE L'AXONE

Au cours du développement, nous venons de voir que les cellules cibles attirent les axones destinés à les contacter en produisant différents facteurs de croissance. Cette action n'est cependant pas suffisante. D'où l'existence de substrats moléculaires assurant : 1) l'adhérence plus ou moins transitoire de ces axones à des supports sur lesquels ils peuvent prendre appui plus ou moins fortement ; 2) leur guidage précis dans la jungle du microenvironnement ; 3) une substantielle élongation. Des molécules répondant à ces impératifs ont été effectivement caractérisées, notamment les CAM (*Cell Adhesion Molecules,* en français

« molécules d'adhérence cellulaire ») dont la N-CAM (*Neural-Cell Adhesion Molecule*), ainsi que plusieurs molécules de la matrice extracellulaire* telles que la fibronectine, la laminine et la ténascine. Ces différentes molécules se sont avérées actives sur la croissance neuritique *in vitro*. Chez la souris adulte, un certain degré de repousse de fibres cortico-spinales, préalablement sectionnées, a été obtenu en augmentant la production d'acide polysialique (lié à la N-CAM) par une technique de thérapie génique (El Maarouf et al. 2006). La présence d'acide polysialique détermine un relâchement de l'adhérence cellulaire favorable à la libération et, partant, à l'élongation de l'axone.

MODIFIER LE MICROENVIRONNEMENT DANS UN SENS PLUS « PERMISSIF » VIS-A-VIS DE LA REPOUSSE AXONALE

C'est la grande question. Pour qu'il y ait repousse axonale il faut à l'évidence que les neurones concernés aient une capacité intrinsèque à régénérer leurs axones lésés, c'est-à-dire à réinitialiser un programme développemental de type embryonnaire. Ce qui semble bien être le cas pour la plupart des neurones. Mais les bourgeons axonaux qu'ils forment effectivement, après lésion du système nerveux central, se heurtent à un milieu hostile, non permissif, ne permettant pas leur élongation. Nous savons à présent que ce blocage est lié à la présence de facteurs gliaux, astrocytaires et oligodendrocytaires, fortement inhibiteurs. En revanche la repousse axonale est possible dans les nerfs périphériques, qui renferment des cellules gliales spécifiques, les cellules de Schwann, aux propriétés différentes de celles des astrocytes et des oligodendrocytes. D'où l'idée, déjà mise en œuvre au début du siècle dernier par le neurobiologiste espagnol Santiago Ramon y Cajal (prix Nobel 1906 avec Camillo Golgi), de substituer au « milieu central lésé » un substrat nouveau, plus « permissif », transplanté au contact des moignons axonaux (Tello

1911). A la suite de Cajal, une large expérimentation a ainsi utilisé des fragments de nerfs périphériques avec des succès divers. Au cours des dernières décennies, la recherche et la mise au point de milieux favorables à la repousse axonale n'ont cessé de se développer, les greffons de nerfs périphériques restant encore largement utilisés. Mais depuis quelque temps, bien d'autres milieux ont été testés, notamment : cellules de Schwann plus ou moins purifiées, cellules gliales engainantes olfactives, conduits artificiels, biomatériaux, moelle épinière fœtale, pour ne citer que ceux-là.

Eh bien examinons l'influence de la transplantation, au site lésionnel, de ces différents milieux « permissifs » vis-à-vis de la repousse axonale.

Transplantation de nerfs périphériques

On sait depuis longtemps que si la repousse axonale est totalement bloquée dans le système nerveux central lésé des mammifères adultes, elle est au contraire largement facilitée dans leurs nerfs périphériques. Sectionnons par exemple le nerf sciatique d'un rat adulte. Puis suturons ensemble le bout proximal et le bout distal. Coupées de leurs corps cellulaires, les fibres nerveuses du bout distal vont dégénérer : on observe une fragmentation des axones et de la myéline et une élimination des débris ainsi formés par phagocytose. En revanche les cellules de Schwann vont survivre et même proliférer rapidement par mitose. Ces cellules restent alignées en colonnes à l'intérieur de tubes continus qui contenaient les fibres nerveuses. Elles sécrètent, en coopération avec la matrice extracellulaire, des facteurs de croissance et des molécules d'adhérence cellulaire qui vont stimuler et guider la repousse axonale à partir du bout proximal du nerf. La régénération se fait à la vitesse de 1 mm par jour, aussi bien chez le rat que chez l'homme, pour aboutir, en théorie, au rétablissement des jonctions neuromusculaires d'origine, si l'on s'en tient à la seule fonction motrice. Le nombre d'axones régénérés reste cependant relativement modeste.

Mais ne pourrait-on pas empêcher la dégénérescence du bout distal du nerf par une suture immédiate avec le bout proximal ?

Ceci est hélas totalement exclu. Il n'y a pas de régénération « par première intention » comme l'on dit.

Utilisés depuis le début du siècle dernier, des segments de nerfs périphériques transplantés dans les centres nerveux de mammifères adultes, au site lésionnel, constituent par conséquent un milieu particulièrement favorable à la repousse axonale. L'origine et la terminaison des axones régénérés peuvent être appréciées par les techniques de marquage axonal rétrograde et antérograde que j'ai décrites précédemment. Dans ce contexte, une large expérimentation a été menée, principalement dans les années 1980, par l'équipe dirigée par Albert Aguayo à Montréal (Aguayo 1985). Ces chercheurs ont ainsi démontré, chez le rat adulte, que divers neurones des centres nerveux avaient la capacité de régénérer leurs axones, sur de longues distances, dans des greffons de nerfs périphériques autologues (prélevés sur l'animal receveur lui-même pour éviter les rejets). La plupart de ces expériences ont consisté en « greffes aveugles », l'une des extrémités du nerf étant introduite dans les centres nerveux (où elle détermine une lésion minimale), l'autre étant maintenue à l'extérieur et ligaturée. Après un temps postopératoire adéquat, le nerf greffé est sectionné le plus près possible de la ligature et un traceur axonal est appliqué sur la section. Vingt-quatre à quarante-huit heures plus tard, l'animal est sacrifié et des coupes histologiques du centre nerveux concerné sont réalisées. Le traceur, transporté de façon rétrograde, est caractérisé dans les corps cellulaires des neurones qui ont régénéré leur axone à tout le moins jusqu'au site d'application du traceur.

Dans les « greffes-ponts », les deux extrémités du transplant de nerf périphérique sont ouvertes. En nous limitant aux seules greffes concernant la moelle épinière, je retiendrai trois protocoles de greffes-ponts : 1) réunissant les deux moignons d'une moelle épinière complètement sectionnée ; 2) réunissant, par l'extérieur, deux régions différentes de la moelle épinière ; 3) connectant la moelle épinière à une structure périphérique, nerf ou muscle. Ces greffes, bien que réalisées ici chez le rat adulte dans une optique de recherche purement fondamentale, ont manifestement ouvert la porte à d'éventuelles applications thérapeutiques en clinique humaine.

Dans le premier protocole, expérimenté maintes fois avant l'avènement des techniques de traçage axonal, de nombreux neurones régénèrent effectivement dans le nerf greffé, sur toute sa longueur. Mais parvenues à son extrémité, leurs pousses axonales se trouvent de nouveau en présence d'un milieu nerveux central lésé très peu favorable à leur progression ultérieure. Ils n'y pénètrent alors que sur une très faible distance, au mieux quelques millimètres. Cependant, une surprenante expérimentation, menée en Suède par l'équipe de Lars Olson et publiée en 1996, semble *a priori* contredire ces observations (Cheng et al. 1996). Je ne résiste pas à la tentation de vous détailler quelque peu cette étude ! Soyez très attentif, Marc !

La moelle épinière de rats adultes est totalement sectionnée transversalement au niveau T8 de la moelle thoracique. A ce niveau un segment de moelle de 5 millimètres est réséqué. Dans la brèche ainsi créée, 18 très fins segments de nerfs (intercostaux) sont disposés longitudinalement afin de réunir les segments médullaires T7 et T9, avec une précision qui laisse néanmoins songeur. En effet chacun de ces greffons est mis en place de manière à ce que l'une de ses extrémités soit en contact avec des faisceaux de substance blanche (non-permissive) et l'autre en contact avec de la substance grise (permissive). Les faisceaux descendants (moteurs) du bout rostral (vers la tête) sont ainsi connectés à la substance grise caudale (vers la queue) ; les faisceaux ascendants (sensitifs) du bout caudal étant pour leur part connectés à la substance grise rostrale. Le site de greffe est ensuite stabilisé par une colle de fibrine imprégné d'un facteur de croissance. Dans les semaines et mois postopératoires, différents tests moteurs ont montré une restauration significative du soutien du poids du corps, de la locomotion, du comportement sur un plan incliné. Le traçage axonal antérograde (du corps cellulaire vers les terminaisons axonales) a mis en évidence la régénération de fibres nerveuses dans la moelle caudale jusqu'aux segments T11-T12 de la moelle thoracique et L1-L2 de la moelle lombaire, le trajet de ces fibres correspondant à celui du faisceau cortico-spinal. Le traçage axonal rétrograde (des terminaisons vers le corps cellulaire) a marqué des corps cellulaires de neurones localisés dans le cortex moteur et dans le tronc cérébral. Avec une bonne corrélation entre les tests moteurs et les marquages axonaux. Ainsi la régénération du faisceau cortico-spinal et celle de faisceaux descendants ayant pour origine le tronc cérébral apparaissent-elles comme essentielles pour une récupération fonctionnelle, notamment motrice, appréciable. Malheureusement, dans des conditions expérimentales identiques, ces résultats spectaculaires et prometteurs n'ont pu être obtenus par d'autres équipes de recherche.

Une expérimentation du même genre a été réalisée chez le singe (Levi et al. 2002). La résection, unilatérale dans ce cas, d'un petit segment de moelle épinière a été effectuée en T11. La mise en place, dans la brèche, de six nerfs intercostaux, a permis la restauration partielle de la motricité du membre postérieur situé du même côté.

Le deuxième type de greffe-pont réunit, en passant par l'extérieur, deux régions différentes de la moelle épinière. Le dommage est minimal. Dans ce cas la repousse axonale est bidirectionnelle et les corps cellulaires neuronaux marqués par traçage axonal apparaissent localisés à proximité des deux sites d'implantation du nerf greffé. Mettant en œuvre cette technique, l'équipe marseillaise de Patrick Gauthier a pu obtenir, après lésion, la récupération fonctionnelle de la commande nerveuse respiratoire (Gauthier et al. 2002).

Quelques explications sont nécessaires. Le principal muscle respiratoire est le diaphragme. Il est commandé par des motoneurones phréniques localisés dans les segments C3 à C6 de la moelle épinière cervicale. Ces neurones sont eux-mêmes sous le contrôle de neurones respiratoires situés plus haut, au niveau du bulbe rachidien.

Chez l'animal, une section médullaire transversale complète entre ces deux groupes de neurones, au niveau C2, abolit, entre autres effets dramatiques, toute possibilité de respiration spontanée en paralysant le diaphragme. Pour minimiser les dommages, les chercheurs n'ont réalisé qu'une section unilatérale (hémisection) en C2, puis introduit les deux extrémités d'un segment de nerf périphérique autologue (prélevé sur l'animal traité) d'une part au niveau du bulbe rachidien, d'autre part dans la moelle épinière, en dessous du site lésionnel, qui est ainsi court-circuité. Après quelques mois, il a été constaté que les neurones respiratoires bulbaires lésés avaient régénéré sur toute la longueur du nerf greffé et rétabli des contacts fonctionnels avec les motoneurones phréniques. La fonctionnalité de ces contacts étant démontrée par une stimulation électrique efficace du pont nerveux.

Vous m'avez dit, dans nos premiers entretiens, qu'en plus de la paralysie de leurs quatre membres, les tétraplégiques pouvaient avoir des problèmes respiratoires d'une extrême gravité. Les expériences que vous venez de mentionner pourraient-elles ouvrir la porte à des essais cliniques dans un délai relativement court ?

Ce sont des paraplégiques dont la lésion cervicale est très haute, comme dans le cas des rats de Patrick Gauthier. Ces recherches sont effectivement très prometteuses, mais à ce jour et à ma connaissance, aucun essai clinique n'a encore été programmé.

Dans les greffes-ponts du troisième type, la moelle épinière est connectée à un organe périphérique, muscle strié squelettique ou nerf moteur. A l'université Paris Descartes, l'équipe de Jean-Claude Horvat a ainsi réuni, au moyen d'un long segment de nerf périphérique autologue, la moelle cervicale de rats adultes à un muscle strié squelettique du cou, soigneusement privé de son innervation d'origine au préalable (Horvat et al. 1989). La lésion médullaire, minimale, est créée par l'introduction même du greffon dans la moelle saine. Après un délai de deux à cinq mois, la stimulation électrique du pont nerveux provoque la contraction du muscle reconnecté. L'introduction de traceurs axonaux dans le muscle ou leur application sur le bout proximal du nerf greffé, sectionné pour ce traitement, ont conduit au marquage de neurones localisés principalement dans la substance grise ventrale de la moelle épinière, à proximité du site d'implantation. La plupart des neurones ainsi marqués présentaient les caractères morphologiques et électro-physiologiques de motoneurones typiques. Des résultats similaires ont été obtenus en reconnectant la moelle épinière cervicale au muscle biceps du bras chez le rat et chez le petit singe marmouset, plus communément appelé ouistiti.

Transplantation de cellules de Schwann

Les remarquables propriétés des nerfs périphériques étant largement dues aux cellules de Schwann qu'ils renferment, on a imaginé d'utiliser des greffons uniquement constitués de ces cellules.

Ah oui, qu'en est-il exactement du côté de chez Schwann ?

Désolé, mais vous n'avez pas la priorité. C'était exactement l'intertitre qu'avait trouvé une journaliste scientifique dans un article relatant nos recherches. Mais je suppose que Marcel Proust ne connaissait pas Theodor Schwann, remarquable physiologiste allemand (1810-1882), l'un des pères de la théorie cellulaire, postulant que *la cellule est l'unité de base du règne animal et du règne végétal*.

Ces cellules de Schwann, donc, sont soit injectées directement dans la moelle épinière, sous forme de suspensions, après une lésion par contusion, soit ensemencées à l'intérieur d'un tube semi-perméable, ce « support-guide » étant implanté dans la moelle épinière partiellement ou totalement sectionnée. Cette dernière approche, développée par l'équipe de Mary Bartlett Bunge, à Miami, dans le cadre du *Miami Project to Cure Paralysis,* mérite d'être largement commentée.

Dans une première expérimentation (Xu et al. 1995), des cellules de Schwann sont purifiées en culture, mises en suspension, puis ensemencées dans des tubes semi-perméables de 10 mm de long et de 3 mm de diamètre. La moelle épinière de rats adultes, consanguins vis-à-vis des rats donneurs de cellules, est sectionnée en T8 et les segments T9 à T11 sont réséqués, ouvrant ainsi une très large brèche entre les deux bouts de la moelle épinière. Le tube est mis en place dans cette brèche. Le bout rostral (vers la tête) de la moelle est introduit dans le tube sur 1 millimètre. Le bout caudal du tube (vers la queue) est maintenu fermé. Après un délai d'un mois, on observe dans le tube une moyenne de 500 axones myélinisés par les cellules de Schwann et quatre fois plus d'axones amyéliniques. L'injection de traceurs axonaux au milieu du tube marque des corps cellulaires neuronaux dans la moelle épinière jusqu'en C7. Ce sont essentiellement des interneurones. On marque également des neurones sensoriels primaires dans les ganglions rachidiens, mais aucun neurone dans les centres nerveux supra-spinaux, tronc cérébral et cerveau.

Dans une série d'expériences consécutives, le tube est laissé ouvert à ses deux extrémités, les deux bouts de la moelle réséquée y sont insérés. Dans ces conditions, on trouve quelques neurones marqués dans le tronc cérébral mais les fibres régénérées qui ont traversé le tube ne pénètrent pas dans la moelle caudale. Administrons de la méthylprednisolone au moment de la transplantation : des neurones du tronc cérébral régénèrent leur axone plus loin dans le tube et un petit nombre de fibres pénètre dans la moelle caudale. On trouve trois fois plus d'axones myélinisés (Chen et al. 1996). Mieux encore : après infusion de facteurs neurotrophiques (BDNF et NT-3) au pourtour du greffon, le marquage neuronal dans la moelle épinière et dans le tronc cérébral apparaît fortement augmenté.

Mais, si j'ai bien suivi, on n'observe pas ici de régénération des neurones cortico-spinaux, neurones normalement impliqués dans la motricité volontaire.

Non effectivement. La repousse axonale de ces neurones moteurs de première importance dans la motricité volontaire, assez difficile à obtenir d'une façon générale, n'a pas été observée dans les conditions expérimentales que je viens de relater, mais elle a pu l'être par un traitement des cellules de Schwann par l'acide polysialique lié à la N-CAM (Ghosh et al. 2012), à l'instar de l'expérimentation que j'ai signalée précédemment. Quelle explication peut-on en donner ?

Soit une transplantation conventionnelle de segments de nerfs périphériques autologues dans la brèche créée par une section complète de la moelle épinière, comme évoqué précédemment. Souvenez-vous que les pousses axonales qui ont pu pénétrer dans les greffons les traversent effectivement de part en part mais, une fois parvenues à son extrémité caudale, se retrouvent dans un milieu central lésé, la moelle épinière caudale, très peu permissive vis-à-vis de l'élongation de ces axones. Dans la présente expérimentation, le traitement des cellules de Schwann par l'acide polysialique rend celles-ci plus mobiles. On observe effectivement leur migration à l'extérieur du transplant jusqu'à une distance de 4,4 millimètres. Cette migration permet *ipso facto* la régénération de fibres nerveuses non seulement sérotoninergiques mais aussi corticospinales jusque dans la moelle épinière caudale et, partant, une meilleure récupération fonctionnelle de la locomotion par rapport à des animaux témoins. Par ailleurs, une expérimentation très récente de l'équipe de Mary Bunge (Williams et al. 2015) a conduit à des observations aussi surprenantes que prometteuses. Des ponts « fluides », constitués de cellules de Schwann associées à du *Matrigel*, sont interposés entre les deux lèvres d'une section médullaire réalisée chez des rats adultes. L'examen de coupes ultrafines au microscope électronique a montré que des prolongements astrocytaires colonisaient les transplants et favorisaient la repousse axonale de neurones du tronc cérébral, conduisant de ce fait à une amélioration fonctionnelle.

Alors, ces astrocytes ne seraient pas les « bad guys» dont on nous rebat si souvent les oreilles !

Non, pas vraiment, je vous le concède ! Pour terminer sur ce sujet, une équipe canadienne (Sparling et al. 2015) a récemment obtenu des améliorations fonctionnelles significatives en transplantant des cellules de Schwann générées à partir de précurseurs dérivés de peau ou de nerf périphérique de ratons nouveau-nés.

Une récente et très large expérimentation associe l'utilisation de cellules de Schwann à d'autres approches thérapeutiques, dans des stratégies dites de « multithérapie ». J'y reviendrai ultérieurement.

Transplantation de cellules olfactives

Appliquée récemment à l'homme dans un essai clinique très médiatisé, cette technique, d'abord largement testée chez l'animal, apparait comme quasi révolutionnaire.

J'ai effectivement vu un reportage au journal télévisé et lu des articles dans la presse. Ces étranges cellules olfactives, que représentent-elles au juste ? Est-ce la solution d'avenir ? Pourrais-je un jour en profiter ?

Pas d'emballement, Marc ! Ces résultats ont fait l'objet de nombreuses réserves, voire de sérieuses critiques. Mais je vous en reparlerai plus tard, en commentant de façon relativement détaillée la transposition de ce type d'études à la recherche clinique.

Quelques explications tout d'abord. On a très longtemps pensé qu'après la naissance aucun nouveau neurone ne pouvait être produit. Cette règle constituait même un dogme absolu, dogme qui est depuis quelques décennies largement battu en brèche. L'exception la plus remarquable à cette règle soi-disant intangible concerne le système olfactif. L'air que vous respirez, Marc, passe, au niveau de la muqueuse nasale, sur des neurones sensoriels sensibles aux odeurs. Les axones de ces neurones olfactifs se connectent à des neurones du bulbe olfactif situé en dessus. Etant très proches du milieu extérieur et par conséquent soumis à de nombreuses agressions, les neurones olfactifs s'usent rapidement et doivent être constamment renouvelés, tout au long de la vie. Les nouveaux neurones, de type embryonnaire au départ, émettent des axones qui vont croître jusqu'aux neurones bulbaires. Pour cela il faut que le milieu soit évidemment permissif de cette croissance. Il l'est effectivement grâce à la présence de cellules gliales très particulières appelées cellules gliales (engainantes) olfactives (CGO, en anglais OEC pour *olfactory ensheathing cells*). Les OEC (seul sigle universellement utilisé) engainent les axones en croissance et agissent sur leur guidage et leur élongation en produisant des facteurs neurotrophiques et des molécules d'adhérence.

Apparemment ces cellules ressemblent beaucoup aux cellules de Schwann des nerfs périphériques dont vous m'avez parlé précédemment.

Effectivement, elles partagent certaines propriétés avec les cellules de Schwann. Dans certaines conditions, elles pourraient même leur être très supérieures. En tout cas, transplantées dans le système nerveux central, elles gardent leurs propriétés essentielles, notamment neurotrophiques. Une remarque indispensable tout d'abord. Dans la presse non spécialisée, il y a parfois une certaine confusion entre les neurones olfactifs et les cellules gliales engainantes olfactives. Ce sont bien ces dernières, et elles seules, qui sont sujettes à transplantation de par leurs remarquables propriétés. Ce ne sont pas des neurones, ce sont des cellules de type glial.

Comment prélever ces cellules, comment les isoler ? Les OEC sont isolées soit à partir de bulbes olfactifs embryonnaires ou adultes (expérimentation animale), soit à partir de la muqueuse olfactive (essais cliniques chez l'homme). Cette seconde technique présente le double avantage de réaliser une autogreffe (muqueuse prélevée sur le receveur lui-même et donc non rejetée par définition) et d'éviter les critiques d'ordre éthique (en utilisant par exemple du matériel embryonnaire humain prélevé après IVG).

Dans tous les cas, les OEC sont transplantées après purification plus ou moins poussée. Après lésion de la moelle épinière chez l'animal, des résultats très encourageants ont été d'ores et déjà obtenus, notamment récupération de la motricité partielle de la patte antérieure (Li et al. 1997), rétablissement partiel de la locomotion, restauration de la fonction respiratoire par rétablissement de l'activité du nerf phrénique qui commande le diaphragme) (Li et al. 2003 ; Stamegna et al. 2011) (Fiche 6).

Une remarque très importante : Des résultats comparables ont été obtenus dans le cas de transplantations différées, c'est-à-dire réalisées plusieurs semaines, voire plusieurs mois après la transplantation, un espoir pour le traitement des lésions chroniques, c'est-à-dire anciennes (Keyvan-Foulani et al. 2003).

Ce qui est mon cas. Vous me redonnez un peu de baume au cœur.

Vous voyez, Marc, il faut faire confiance aux chercheurs !

Les résultats de cette large expérimentation sur les cellules engainantes olfactives sont fort encourageants. Cependant le mode d'action des OEC reste encore insuffisamment connu. Même très purifiés, les transplants comportent d'autres types cellulaires que les OEC. Qui plus est, certains auteurs n'excluent pas la possibilité d'une immigration de cellules de Schwann dans le transplant et de leur action potentielle sur la remyélinisation des axones régénérés. Plusieurs points doivent par conséquent être précisés ou éclaircis : source du prélèvement (muqueuse olfactive ou bulbe olfactif), âge des cellules (embryonnaires ou adultes), protocole de greffe (injection de suspensions cellulaires ou inclusion des OEC dans un support matriciel), et surtout degré de pureté du matériel biologique utilisé.

Nous examinerons plus loin des études combinant l'utilisation d'OEC avec d'autres approches expérimentales, dans une stratégie de multi-thérapie. En 2013, une importante revue, concernant l'ensemble des recherches internationales sur les potentialités des OEC dans la réparation des lésions médullaires, a été rédigée par 15 chercheurs français (Université de Rouen et de Caen) et italiens (Université de Milan) (Mayeur et al. 2013).

Mise en place de conduits artificiels et de biomatériaux

La liste des différents biomatériaux, utilisés pour réaliser un pontage anatomique et fonctionnel entre les deux moignons d'une section transversale complète de la moelle épinière, est impressionnante : tubes de collagène, hydrogels, filaments de carbone, filtres de nitrocellulose ensemencés avec des astrocytes ou imprégnés de laminine, polymères synthétiques façonnés en tubes ou en réseaux poreux pouvant abriter, entre autres, des cellules génétiquement modifiées pour produire des facteurs neurotrophiques, etc...Les succès de cette technologie sont très variables et dans l'ensemble plutôt décevants. De meilleurs résultats ont cependant été obtenus en ensemençant ces biomatériaux avec des cellules souches neurales (susceptibles de produire des neurones ou des cellules gliales)

FICHE 6. *Effets de la transplantation de cellules engainantes olfactives*

Quelques travaux pionniers particulièrement importants.

Récupération motrice du membre antérieur. A Londres, Geoffrey Raisman et ses collaborateurs ont effectué une section unilatérale du faisceau cortico-spinal, au niveau de la moelle épinière cervicale de rats adultes, puis injecté une suspension d'OEC de bulbes olfactifs au site lésionnel. Ce traitement a permis la repousse de fibres cortico-spinales à travers le site lésionnel, jusque dans la moelle caudale, ainsi que la restauration de la fonction motrice de la patte antérieure située du côté de la lésion (test de préhension de nourriture). Cette récupération motrice n'a pas été observée chez des rats lésés mais non transplantés. Par ailleurs, et très curieusement, l'injection d'OEC prélevées au niveau de la muqueuse olfactive a restauré la fonction motrice mais n'a révélé aucune repousse de fibres cortico-spinales.

Récupération de la fonction respiratoire et de la motricité du membre antérieur. La même équipe a pu restaurer à la fois la motricité (partielle) de la patte antérieure et celle du diaphragme, principal muscle respiratoire. Une section unilatérale de la moelle épinière cervicale au niveau C2 paralyse le membre antérieur et l'hémi-diaphragme situés du côté lésionnel. L'assistance respiratoire n'est pas nécessaire, l'hémi-diaphragme sain assurant une ventilation suffisante. Une suspension d'OEC, engluées dans un milieu qu'elles ont-elles-mêmes produit préalablement en culture, est mise en place au site lésionnel. Après un délai postopératoire de deux mois, on observe une restauration de l'activité respiratoire du nerf phrénique et une amélioration du test du « grimper » sur un grillage incliné de 15 degrés par rapport à la verticale.

Pour la seule fonction respiratoire, après une première étude publiée en 2004, l'équipe marseillaise de Patrick Gauthier a réalisé une transplantation différée d'OEC, deux semaines après une lésion contuse unilatérale de la moelle épinière cervicale. Trois mois plus tard, les chercheurs ont observé que cette transplantation améliorait les mouvements respiratoires, l'activité de l'hémi-diaphragme et du nerf phrénique situés du côté lésionnel, la repousse axonale au site lésionnel. Cette récupération fonctionnelle partielle étant rendue possible par la restauration de la commande supra-spinale.

Récupération de la fonction locomotrice. Une équipe madrilène a réalisé une section transversale complète de la moelle épinière thoracique de rats adultes, puis transplanté des OEC au site lésionnel.
Après un délai de 3 à 7 mois, les chercheurs ont constaté une récupération fonctionnelle plus ou moins complète de ces rats paraplégiques : réflexes sensorimoteurs, soulèvement du corps, mouvements volontaires des pattes postérieures. De nombreuses fibres nerveuses (notamment cortico-spinales et sérotoninergiques) régénèrent à travers le site lésionnel jusque dans la moelle caudale. Des résultats comparables ont été obtenus après une lésion chronique (transplantation effectuée 4 mois après la lésion médullaire). Cependant, ces résultats n'ont pas été obtenus par d'autres laboratoires, à l'exception d'une équipe australienne après une transplantation différée de quatre semaines mais il est vrai sans section complète de la moelle épinière.

ou des cellules originaires de la moelle osseuse. Avec des effets mitigés sur la récupération fonctionnelle. A Prague, l'équipe de la chercheuse tchèque Eva Sykova a ensemencé des hydrogels avec des cellules souches mésenchymateuses et les a transplantés dans des lésions chroniques (vieilles de 5 semaines) de la moelle épinière de rats adultes (Hejcl et al. 2010). Ce pontage est favorable à la régénération tissulaire et permet une amélioration significative des performances sensorimotrices. Je commenterai ultérieurement l'utilisation récente de ces biomatériaux dans des études de multi-thérapies.

Transplantation de moelle épinière fœtale

Les transplants de moelle épinière fœtale présentent un double intérêt, d'une part en tant que source de cellules neurales neuves et plastiques, d'autre part en constituant un milieu particulièrement favorable à la repousse axonale. C'est ce second volet que je développerai à présent, le premier, concernant la thérapie cellulaire substitutive, sera considéré ultérieurement.

Les transplants de moelle épinière fœtale non dissociée sont généralement prélevés sur des embryons de rats du 14ème au 17ème jour de développement (sur une durée totale de 21-22 jours). Ils survivent et s'intègrent d'autant mieux dans la moelle épinière lésée du rat receveur que celui-ci est plus jeune. Il en va de même de leur capacité à susciter la repousse des fibres nerveuses centrales de l'hôte. L'âge des receveurs va de 1 jour post-natal à 2-3 mois.

La moelle épinière du raton nouveau-né est très immature et sa plasticité très grande. Les phénomènes régénératifs qu'on y observe après lésion sont largement imbriqués avec les processus développementaux. Par la suite la plasticité des centres nerveux se restreint de plus en plus. Transplanter de la moelle épinière fœtale chez un raton nouveau-né ou chez un rat adulte constituent par conséquent des situations très différentes mais s'éclairant mutuellement. La première situation correspond plutôt à une expérimentation de neurobiologie du développement, la seconde plutôt à des préoccupations d'ordre thérapeutique, ce qui, dans le présent contexte, doit retenir notre attention de façon préférentielle. Cependant la remarquable expérimentation, à Kyoto, de Saburo Kawaguchi et de ses collaborateurs, sur des ratons de 1 ou 2 jours, ne saurait être totalement passée sous silence (Iwashita et al. 1994). Par conséquent, Marc, si vous souhaitez en prendre connaissance, vous la trouverez consignée dans la fiche 7. Soyez rassuré, je ne prévois aucune interrogation écrite sur ce sujet !

Transplantons à présent de la moelle épinière fœtale chez un rat adulte dont le système nerveux central est mature et par conséquent a perdu une grande partie de sa plasticité initiale. A ce sujet, une étude particulièrement riche d'enseignement a été réalisée à Washington par Barbara Bregman et ses collaborateurs (Coumans et al. 2001 ; Bregman et al. 2002). La méthodologie des analyses postopératoires est détaillée dans la fiche 8.

En voici le protocole opératoire. Une section de la moelle épinière thoracique est réalisée chez des rats adultes. Un segment est réséqué. Plusieurs séries expérimentales sont alors constituées :

1) Transplantation dans la brèche de 6-8 segments de moelle épinière fœtale.
2) Mise en place dans la brèche, en lieu et place d'un transplant, d'une petite éponge (gelfoam) imprégnée de liquide physiologique. Deux semaines plus tard, réexposition du site lésionnel, retrait de l'éponge et mise en place de moelle épinière fœtale. Dans ce cas la lésion est dite chronique.
3) Idem après un délai de 4 semaines.
4) Résection sans transplantation (témoin).

Pour tous ces groupes expérimentaux, une minipompe est placée en dessus du site lésionnel. Elle délivre soit du liquide physiologique (groupe témoin), soit un facteur neurotrophique. Elle est retirée 2 semaines après la transplantation.

Des études neuro-anatomiques (immuno-histochimie, traçages axonaux) et comportementales (tests moteurs) sont réalisées après un délai postopératoire variant de quelques semaines à plusieurs mois. Les résultats les plus marquants de cette remarquable étude sont les suivants (fiche 8) :

FICHE 7. *Transplantation de moelle épinière fœtale dans la moelle épinière de ratons nouveau-nés*

Expérimentation de Saburo Kawaguchi et collaborateurs, Kyoto, Japon, 1994

Le protocole chirurgical est le suivant : résection des segments médullaires thoraciques T10-T11 de ratons nouveau-nés (1-2 jours) ; dans la brèche ainsi créée mise en place d'un segment de moelle épinière prélevé sur des embryons de rat entre les stades E14 et E17, avec apposition stricte de la moelle greffée avec la moelle hôte, soit en position normale, soit en inversant les polarités dorso-ventrale ou antéro-postérieure. Des animaux témoins, pareillement réséqués, soit ne reçoivent aucun transplant, soit reçoivent un petit segment de nerf sciatique prélevé chez un rat adulte.

Les animaux ainsi traités sont testés, après un délai post-opératoire variant de 1 à 4 mois, par des méthodes d'études morphologiques, électro-physiologiques et comportementales. Sur les 32 rats greffés en respectant une orientation normale du transplant, 22 ont survécu à l'opération. Chez 14 d'entre eux, la fusion entre transplant et moelle hôte était parfaite. Chez 6 (sur 14) de ces opérés, le transplant a révélé une organisation typique de moelle épinière et l'absence de réaction gliale aux interfaces transplant/moelle hôte.

Sans entrer dans trop de détails techniques, l'utilisation de différents traceurs axonaux a mis en évidence les propriétés hautement permissives du transplant vis-à-vis de la croissance de fibres nerveuses, tant ascendantes que descendantes, de l'animal hôte. Ces fibres atteignent leurs cibles naturelles après avoir traversé le transplant de part en part. Une remarque importante : le faisceau cortico-spinal ne pénètre dans la moelle épinière qu'après la naissance ; par conséquent ses fibres ne sont pas sectionnées lors de l'opération initiale de résection, leur croissance à travers le transplant ne correspond donc pas à un processus régénératif mais plutôt au déroulement d'un programme développemental normal. Quant aux rats témoins, le marquage neuronal après utilisation de traceurs axonaux est soit réduit (transplant de nerf sciatique) soit totalement absent (pas de transplant).

Seuls les animaux greffés avec une orientation normale du transplant ont montré des performances motrices très voisines de celles de rats intacts, non opérés : notamment locomotion avec coordination des membres antérieurs et postérieurs, aptitude au grimper. Cette restauration fonctionnelle quasi parfaite est manifestement liée aux bonnes connexions nerveuses qui se sont établies après traversée du transplant fœtal de part en part. En revanche, les animaux greffés avec une polarité inversée du transplant présentent des performances motrices très inférieures, ce qui implique que la croissance et le cheminement des axones vers leurs cibles sont bien sous le contrôle de signaux moléculaires de position présents dans le transplant.

1) En l'absence de facteur neurotrophique, les seuls neurones des animaux greffés qui régénèrent leurs axones dans les transplants de moelle épinière fœtale sont des neurones propres de la moelle épinière rostrale.

2) Après administration de ce facteur, de nombreux neurones supra-spinaux, localisés notamment dans le tronc cérébral et même dans le cortex moteur (neurones cortico-spinaux) régénèrent jusqu'au transplant, éventuellement jusqu'à la moelle épinière caudale en traversant le transplant de part.

3) de façon inattendue, les résultats des tests comportementaux (locomotion libre ou sur tapis roulant, montée d'escalier) sont meilleurs dans le cas de transplantations différées. Comment les expliquer ?

Ces résultats ont été en fait obtenus sans contrer les inhibiteurs astrocytaires et myéliniques. Ce qui peut apparaître comme très surprenant ! On peut imaginer que, chez les animaux chroniques, l'influence de ces inhibiteurs est

Fiche 8. *Transplantation de moelle épinière fœtale dans la moelle épinière de rats adultes. Etudes postopératoires.*

Etudes immuno-histochimiques. L'immuno-histochimie est une technique qui permet de visualiser, sur coupes de tissus, certains constituants spécifiques de telle ou telle structure. Dans le cas présent : mise en évidence de fibres nerveuses sérotoninergiques (c'est-à-dire dont le neurotransmetteur est la sérotonine) impliquées, entre autres fonctions, dans le contrôle de la locomotion. Ces fibres sont les prolongements de neurones situés dans le tronc cérébral (le *raphé** plus précisément). En l'absence de facteur neurotrophique ces fibres pénètrent dans le transplant mais leur distribution y est clairsemée. Peu de fibres traversent le transplant de part en part pour ré-innerver la moelle caudale. L'administration de facteur neurotrophique accroît la densité de ré-innervation tant dans le transplant que dans la moelle caudale. Cet effet est encore accru lorsque la transplantation est différée de deux semaines.

Traçages axonaux. Ils sont de deux types, antérograde (du corps cellulaire neuronal aux terminaisons axonales), rétrograde (des terminaisons au corps cellulaire).

Dans la présente expérimentation, l'application d'un traceur rétrograde dans la moelle épinière caudale donne des résultats très différents selon les groupes expérimentaux : sans transplant, aucun marquage ; transplant seul, marquage de neurones propres de la moelle (dits propriospinaux) limité à la moelle épinière rostrale (en dessus du transplant) ; transplant plus facteur neurotrophique, marquage non seulement dans la moelle rostrale mais aussi marquage de neurones localisés dans l'ensemble du tronc cérébral et du cortex cérébral sensori-moteur.

L'application d'un traceur antérograde dans le cortex sensori-moteur marque des fibres cortico-spinales jusque dans la moelle épinière caudale de l'animal hôte, confirmant ainsi la régénération de ces fibres, établie précédemment par traçage rétrograde. Ces résultats sont très importants car le faisceau cortico-spinal est la voie essentielle de la motricité volontaire consciente. D'où les importantes études comportementales qui suivent.

Etudes comportementales. Trois tests moteurs ont été mis en œuvre : locomotion quadrupède sur tapis roulant, locomotion libre, montée d'un escalier. Jusqu'à 3 semaines après l'opération, le comportement moteur est identique pour tous les groupes : paraplégie caractérisée, les pattes postérieures traînant passivement sur le sol. Entre la troisième et la quatrième semaine postopératoire, des différences commencent à apparaître et se creuseront par la suite. Les meilleures performances sont sans conteste réalisées par le groupe transplanté deux semaines après la lésion et recevant le facteur neuro-trophique. En libre parcours, les rats de ce groupe (lésion chronique) sont capables de soulever partiellement leur train arrière, avec contact de la plante du pied au sol. Les épisodes de coordination entre les membres antérieurs et les membres postérieurs sont plus fréquents que chez les animaux à transplantation immédiate. Une locomotion sur tapis roulant, d'apparence normale, peut être poursuivie pendant plusieurs minutes. Dans le grimper d'escalier les mouvements sont coordonnés.

A cette étape de l'expérimentation, les animaux sont soumis à un entraînement locomoteur pendant une semaine et sont ensuite filmés pendant deux semaines. Les meilleures performances sur tapis roulant sont, cette fois encore, réalisées par le groupe « transplantation différée plus facteur neurotrophique ». Dans ce groupe, 50 p. 100 des animaux ont une locomotion quadrupède avec soulèvement de l'arrière-train et appui plantaire, soit de façon constante (20 p. 100), soit de façon inconstante (30 p. 100). Dans les cas les plus positifs, la cinétique de marche est comparable à celle de rats intacts, non opérés. Dans le test de grimper d'escalier, seul le groupe précité réalise des performances satisfaisantes avec soulèvement bilatéral du train arrière, appui plantaire sur les marches et coordination entre membres postérieurs et membres antérieurs.

Une question vient rapidement à l'esprit : existe-t-il une corrélation entre la densité de ré-innervation constatée après les différents marquages axonaux et les performances motrices ? Réponse de normand : oui et non. Il y a le plus souvent corrélation mais, dans certains cas, des rats présentant une grande densité de ré-innervation ont montré des performances inférieures à celles d'animaux à ré-innervation clairsemée. Il semble d'ailleurs qu'un faible contingent de fibres nerveuses supra-spinales (en dessus de la lésion) soit suffisant pour une récupération de l'activité motrice, en agissant sur le réseau autonome locomoteur (CPG) de la moelle lombaire.

Chez des rats ayant montré une bonne récupération fonctionnelle, une nouvelle résection de la moelle, effectuée rostralement c'est-à-dire en avant du transplant, abolit les performances acquises. Cette opération lésant les fibres supra-spinales qui avaient régénéré jusqu'à la moelle caudale après traversée de part en part du transplant, on peut en conclure qu'à tout le moins une partie de la récupération motrice observée précédemment était effectivement liée aux connexions établies à travers le transplant.

fortement diminuée, le terrain devenant ainsi beaucoup plus permissif à la repousse axonale. On a longtemps pensé que les lésions chroniques, c'est-à-dire anciennes, étaient moins accessibles à un traitement thérapeutique que les lésions aigües, c'est-à-dire récentes. Les résultats qui viennent d'être exposés semblent bien démontrer le contraire, ce qui ouvre la voie à de prometteuses perspectives réparatrices pour les blessés médullaires chroniques.

Si je vous comprends bien, Patrick, mon cas n'est donc pas tout à fait désespéré. Je ne suis cependant pas très optimiste. Je constate en effet, encore une fois, qu'il y a bien loin du rat à l'homme. Pourquoi ce décalage ?

Je suis en partie d'accord avec vous, Marc. Mais vous comprendrez aisément qu'on ne peut appliquer à l'homme les mêmes protocoles expérimentaux qu'aux animaux. Comme nous le verrons, les essais cliniques doivent être conduits avec la plus extrême prudence, dans des conditions d'encadrement et de sécurité très strictes. Le rat est un excellent modèle animal. Il est très résistant, peu onéreux et c'est un mammifère comme l'homme. Une constatation cependant qui peut, à tout le moins en partie, expliquer ce décalage que vous évoquez. Dans les nerfs périphériques la régénération axonale s'effectue à la vitesse de 1 millimètre par jour, chez le rat comme chez l'homme ! Ce qui permet de comprendre bien des choses. L'expérimentation chez des singes, dénommés pudiquement « primates non humains », beaucoup plus proches de l'homme, est très restreinte, pour les raisons que j'ai évoquées précédemment. Certains expérimentateurs utilisent actuellement le porc, dont les caractéristiques tissulaires sont proches de celles de l'homme.

Transplantation de macrophages activés

Les macrophages sont, rappelons-le, de grosses cellules dont la fonction essentielle est la phagocytose de cellules mortes et de divers débris cellulaires. Mais ils participent également à la reconstruction tissulaire, après lésion, en produisant différents facteurs trophiques. Ils sont issus soit de la transformation de monocytes sanguins, soit de l'activation de microgliocytes résidents du système nerveux central. Au site lésionnel, ce sont les macrophages d'origine centrale qui sont présents dès les premières heures, avec un pic au 3ème jour. Au 7ème jour, ce sont les macrophages d'origine sanguine, donc périphérique, qui prédominent. L'infiltration de ces derniers se limite néanmoins à la seule substance grise. Ces deux populations de macrophages auraient-elles des propriétés différentes ?

Chez le rat paraplégique, on a pu observer une récupération motrice des membres postérieurs après transplantation de macrophages exogènes activés qui avaient été préalablement mis en présence de tissu nerveux périphérique ou de peau (Bomstein et al. 2003). Sur coupes histologiques, on observe la repousse de fibres nerveuses à travers le site lésionnel. Une nouvelle section de la moelle épinière abolit la récupération motrice ce qui démontre une relation de cause à effet entre repousse axonale et restauration de la motricité. Mais paradoxalement, dans une autre expérimentation, c'est la réduction de la population macrophagique d'origine sanguine qui a conduit à une amélioration de la motricité des membres postérieurs. Par ailleurs, après lésion contuse, l'activation de macrophages indigènes par un agent pro-inflammatoire n'a eu que des effets négatifs.

Comment rendre compte de ces résultats contradictoires ? En 2009, une étude de l'équipe de P.G. Popovich (Kigerl et al. 2009) a permis d'identifier deux sous-populations de macrophages, l'une à action neurotoxique, l'autre à action réparatrice. En fait le problème est fort complexe et bien des points restent mal ou insuffisamment compris. Cependant des essais cliniques ont déjà été entrepris en Israël comme nous le verrons ultérieurement.

Améliorer la conduction de l'influx nerveux

Après lésion de la moelle épinière, de nombreuses fibres nerveuses, présentes au site lésionnel ou à proximité de celui-ci, ne sont pas sectionnées mais subissent différents types de déformations mécaniques qui conduisent inexorablement à leur démyélinisation. Rappelons que la gaine de myéline est essentielle pour une conduction saltatoire rapide et efficace de l'influx nerveux. Il existe deux approches expérimentales visant à rétablir une conduction normale : l'une est pharmacologique, l'autre fait appel à la thérapie cellulaire. Les deux sont mises en œuvre à la fois pour les lésions médullaires et pour la sclérose en plaques, maladie auto-immune qui provoque une démyélinisation dramatique des fibres nerveuses du système nerveux central. Je serai très bref à propos de la première approche ;

quant à la seconde, elle sera traitée très prochainement, dans le développement qui va suivre concernant la thérapie cellulaire substitutive.

Les recherches pharmacologiques ont mis en vedette une molécule, la *4-aminopyridine* (4-AP) ou *fampridine*, qui améliore la conduction nerveuse dans les fibres nerveuses dont la couverture myélinique a été altérée. Cette molécule restaure effectivement la conduction nerveuse dans des modèles animaux de lésion médullaire (McBride et al. 2007). En clinique elle améliore l'état neurologique des blessés médullaires mais avec des effets secondaires non négligeables. D'où la recherche et la mise au point de dérivés moins délétères.

La thérapie cellulaire : cellules embryonnaires et cellules souches

La thérapie cellulaire n'est pas à proprement parler une stratégie réparatrice nouvelle. Les applications les plus connues du grand public sont notamment la greffe de peau pour traiter les grands brûlés, la greffe de cellules hépatiques pour soigner des hépatites graves, la greffe de moelle osseuse dans le traitement des leucémies ou de certaines maladies génétiques. La moelle osseuse rouge (localisée principalement à l'intérieur des os courts et des os plats) contient des cellules souches dites hématopoïétiques pluripotentes, c'est-à-dire capables de donner naissance à toutes les catégories de cellules sanguines, y compris des cellules du système immunitaire. Elle contient aussi des cellules souches dites mésenchymateuses, très appréciées également pour les transplantations (fiche 9). Une autre source, plutôt inattendue, de cellules hématopoïétiques est le sang du placenta. Prélevé dans le cordon ombilical sectionné à la naissance des nouveau-nés, il peut être congelé pour une éventuelle utilisation tout au long de la vie des bébés donneurs ! Ces cellules à potentialités multiples sont les très célèbres cellules souches dont vous avez surement entendu parler, Marc !

Oui, bien sûr. Mais j'aimerais vraiment en savoir beaucoup plus sur ces cellules prétendues miraculeuses !

Ne soyez pas si pessimiste, Marc. Ces cellules ouvrent réellement des perspectives quasi révolutionnaires et justifient de ce fait une intense activité de recherche.

Mais qu'entend-on exactement par cellules souches, quelle est leur origine ? Comment les prélève-ton ?

LES CELLULES SOUCHES

Vous vous souvenez, Marc, que l'embryon se forme par la division répétée de la cellule initiale, l'œuf. La première division donne deux cellules qui, séparées expérimentalement chez l'animal, ont chacune la capacité de donner un organisme complet. Il en va de même des quelques divisions suivantes, ce qui permet d'expliquer la naissance de vrais jumeaux. Puis cette capacité se restreint de plus en plus : les cellules vont se différencier les unes des autres et donner naissance aux différents tissus de l'organisme. Les toutes premières cellules de l'embryon sont totipotentes c'est-à-dire capables de produire n'importe quel type de cellule. Par la suite, elles ne seront plus que multipotentes, puis pluripotentes c'est-à-dire capables de ne former qu'un nombre restreint de types cellulaires, puis enfin unipotentes, précurseurs direct d'un seul type cellulaire particulier. Au stade ultime du développement, les cellules épidermiques, par exemple, ne sauront, en se divisant, que faire de l'épiderme de peau. Mais, comme toutes les autres cellules, elles renferment, sous forme d'ADN, toute l'information génétique de l'espèce, présente initialement dans l'œuf. Dans chaque cellule tous les gènes sont présents mais beaucoup sont « silencieux », c'est-à-dire ne s'expriment pas. Les gènes « actifs », en revanche, diffèrent d'un type cellulaire à l'autre.

Dans l'embryon de souris, on a montré en 1981 que certaines cellules conservent une très large multipotence. Ce sont les cellules souches embryonnaires ou cellules ES (de l'anglais *Embryonic Stem cells*) (Evans et Kaufman 1981). Plus généralement le terme de cellules souches s'applique aussi à des cellules pluripotentes, voire unipotentes. A l'instar des cellules cancéreuses, les cellules souches sont capables de se multiplier indéfiniment par mitose. On peut donc les considérer comme « immortelles ». Leurs divisions sont soit symétriques, une cellule souche donnant naissance à deux cellules souches, soit dissymétriques, une cellule souche formant une cellule souche et une cellule qui perd sa totipotence pour devenir pluripotente, puis unipotente c'est-à-dire précurseur direct d'une cellule adulte. La première démonstration de l'existence de cellules souches chez l'embryon humain a été faite en 1998 (Thomson et al. 1998).

Les cellules souches sont également présentes chez les mammifères adultes, rats, souris et même dans l'espèce humaine, où elles assurent le renouvellement de nombreux tissus : sang, peau, intestin, foie, muscle notamment.

Et dans le système nerveux central ? A-t-on aussi trouvé des cellules souches en dépit du sacro-saint dogme de l'absence de production de nouveaux neurones après la naissance ?

Oui, effectivement. Rappelez-vous que les neurones olfactifs sont renouvelés tout au long de la vie à partir de telles cellules souches. D'autres cellules souches ont été détectées dans l'hippocampe où elles produisent de nouveaux neurones impliqués dans le processus de mémorisation. Des cellules souches ont été découvertes, depuis quelques décennies déjà, dans la paroi des ventricules latéraux du cerveau du rat et de la souris où elles donnent naissance à des cellules gliales, astrocytes et oligodendrocytes, et éventuellement à des neurones, tout au long de la vie de ces petits rongeurs.

Plus récemment, des cellules progénitrices, capables de se différencier en cellules gliales, ont été identifiées dans la paroi du canal central de la moelle épinière du rat et de la souris adultes (Horner et al. 2000). Enfin des cellules souches ont été détectées dans le cerveau et dans la moelle épinière de l'homme adulte (Dromard et al. 2008). *A priori* on peut attendre de ces précieuses cellules qu'elles aient la capacité de traiter aussi bien les atteintes traumatiques de l'organisme que divers dysfonctionnements et maladies d'origine génétique ou non. Cependant le prélèvement et la préparation de ces cellules en vue d'une utilisation thérapeutique posent de très nombreux problèmes tant d'ordre technique que d'ordre éthique, encore mal ou incomplètement résolus.

Pour une meilleure appréhension de l'ensemble du sujet, et pour ne pas avoir à y revenir, je me propose d'examiner dès à présent la question non seulement dans ses implications touchant la recherche fondamentale mais aussi dans celles concernant la recherche clinique.

Les cellules souches neurales sont prélevées à différents stades du développement (fiche 9).

Voyons tout d'abord, en clinique humaine, deux exemples de greffes qui ne posent aucun problème éthique : la greffe de peau (plus précisément d'épiderme) et la greffe de cellules souches hématopoïétiques. Dans le cas des grands brûlés, on prélève sur le patient un petit fragment de peau saine que l'on cultive pour en augmenter la surface (jusqu'à 10.000 fois !) avant de réaliser la greffe sur ce même patient. De même, à partir de sang prélevé chez un malade, on obtient des cellules souches hématopoïétiques que l'on cultive également avant de les greffer chez le même sujet. Dans les deux cas, on a l'avantage de réaliser une autogreffe qui n'est pas rejetée.

En revanche, toujours en clinique, l'obtention de cellules souches embryonnaires est beaucoup plus problématique car, *a priori*, elle implique le prélèvement de cellules embryonnaires sur des fœtus humains obtenus après interruption volontaire de grossesse (IVG), la décision de cette IVG étant obligatoirement indépendante du geste thérapeutique. C'est pourtant cette stratégie qui a été mise en œuvre, dans les années 1980, notamment au niveau d'essais cliniques portant sur le traitement de la maladie de Parkinson, essais cependant limités et en parfaite conformité avec les règles édictées par les comités d'éthique. D'où l'alternative consistant à réaliser les prélèvements sur des embryons surnuméraires obtenus par fécondation *in vitro* à la demande de couples ne pouvant pas avoir d'enfants. Ces embryons sont provisoirement conservés dans l'azote liquide mais sont tôt ou tard voués à la destruction. Les avantages de cette stratégie sont évidents : matériel surabondant, non issu d'IVG, prélèvement minimal, les cellules souches se multipliant ensuite en culture *in vitro.* Malgré cela la polémique est vive entre partisans et adversaires de l'utilisation des embryons humains pour des recherches médicales. La loi française du 7 juillet 2011, relative à la bioéthique, stipule que « la recherche sur l'embryon humain, les cellules souches embryonnaires et les lignées de cellules souches est interdite », sauf dérogation dans des conditions très précises et très strictes. Au plan technique, deux problèmes principaux se posent :

Fiche 9. *Modalités de prélèvement des cellules souches neurales*

Les cellules souches progénitrices des cellules neurales sont prélevées à différents stades du développement : 1) à partir du bouton embryonnaire, masse cellulaire interne du blastocyste (stade très précoce du développement embryonnaire des mammifères) ; 2) à partir du cerveau, de la moelle épinière, du système olfactif, du cordon ombilical du foetus ; 3) à partir du cerveau, de la moelle épinière, du système olfactif, de la moelle osseuse et du sang de l'organisme adulte. Chacun des prélèvements est très généralement mis en culture pour prolifération et engagement éventuel dans un processus de prédifférenciation dans le sens souhaité, avant la transplantation. Certaines de ces populations cellulaires (cellules olfactives, cellules souches hématopoïétiques et mésenchymateuses de la moelle osseuse, cellules de la peau, etc..) peuvent être prélevées et, après traitement approprié, transplantées dans le même organisme qui se comporte donc à la fois comme donneur et comme receveur (autogreffe). Cette procédure présente le double avantage de ne pas donner prise à des critiques d'ordre éthique et d'éviter les risques de rejet immunologique. L'utilisation de cellules du sang de cordon ombilical, qui peut être congelé et utilisé beaucoup plus tard dans la vie du donneur, participe de la même stratégie.

1) risque de dérive tumorale des cellules souches embryonnaires greffées ; 2) possibilité de différenciation d'autres types cellulaires, en plus de celui qui est recherché, du fait du caractère multipotent des cellules souches embryonnaires.

En ce qui concerne le premier point, on sait depuis quelque temps déjà que la frontière entre le développement embryonnaire et le processus de cancérisation est assez floue. C'est ainsi que, dans certaines conditions, des cellules cancéreuses peuvent s'intégrer dans un processus développemental normal. Inversement certains cancers résultent de la transformation maligne de cellules souches normales. Le risque de transformation tumorale des cellules souches greffées, loin d'être négligeable, doit par conséquent être évalué de façon très rigoureuse.

Concernant le second point, la recherche des meilleures conditions de culture, avant greffe, pour parvenir au type cellulaire souhaité, est très empirique, et consiste souvent en la mise au point de véritables recettes de cuisine particulièrement sophistiquées. Constatation réjouissante cependant : la greffe de cellules suffisamment engagées dans un processus de différenciation réduit *ipso facto* le risque d'évolution tumorale. En fait, certaines études semblent démontrer qu'il est possible, par des manipulations appropriées, de parvenir à un type cellulaire particulier à partir de n'importe quelles cellules souches jusqu'à pouvoir, selon la jolie formule d'Axel Kahn, « faire du cerveau avec du sang et du sang avec du cerveau ». (Kahn et Papillon 2005).

Les transplantations souhaitées ayant été réalisées, bien des questions se posent : comment évoluent les cellules greffées en fonction du délai de greffe, persistent-elles ou sont-elles rejetées, se transforment-elles, agissent-elles directement ou indirectement sur des cellules autochtones ? Et quid des cellules souches normalement présentes dans les tissus de l'organisme ? Si leur mobilisation reste trop timide dans la réparation tissulaire, pourrait-on les stimuler par différents moyens ?

Pardonnez-moi, Marc, de m'être quelque peu étendu dans cette introduction, mais cela m'a paru nécessaire.

Ne vous excusez pas Patrick. Je comprends à présent ce que sont réellement ces cellules souches et leur immense intérêt thérapeutique.

Revenons à nos moutons. Quels sont donc les usages possibles des cellules souches dans le domaine de la réparation des lésions de la moelle épinière ? A l'évidence la finalité des greffes de telles cellules dans le système nerveux central, et plus particulièrement dans la moelle épinière, est de chercher à remplacer les cellules neurales (c'est-à-dire gliales et neuronales), tuées par le choc traumatique ou rendues indisponibles, par des cellules neuves, véritables pièces de rechange à l'échelle cellulaire. On parle de thérapie cellulaire substitutive.

Les neurones tout d'abord. Deux situations, deux stratégies : 1) le remplacement de neurones dont les corps cellulaires sont localisés au site lésionnel ou à proximité immédiate de celui-ci : motoneurones et interneurones : dans ce cas on transplantera tout naturellement des cellules, suffisamment différenciées dans le sens souhaité, au site lésionnel ; 2) le remplacement de neurones dont les corps cellulaires sont localisés au dessus de la lésion, dans des structures supra-spinales, et dont les axones, qui se projettent normalement dans la moelle épinière, ont été sectionnés ou gravement endommagés au niveau de la lésion. Dans cette situation la transplantation se fera en dessous de la lésion, à proximité des cibles naturelles. Pourquoi à cet endroit. Pourquoi pas là où étaient situés les corps cellulaires de ces neurones, dans des structures supra-spinales (bulbe rachidien par exemple). Parce que la repousse axonale des neurones survivants d'origine ne peut se faire à travers le site lésionnel qui, rappelons-le, est un milieu non permissif de cette régénération. Ces neurones sont donc devenus tout à fait inopérants, ils sont hors circuit.

Les cellules gliales à présent. Dans le cas de démyélinisations (lésions traumatiques, sclérose en plaques), on favorisera la différenciation des cellules souches dans le sens glial de façon à obtenir des oligodendrocytes capables de reformer la myéline perdue. Ou bien l'on procédera à des transplantations de cellules de Schwann, également myélinoformatrices. Toutes ces cellules seront transplantées au site lésionnel ou à proximité de celui-ci.

D'une façon générale, la différenciation des cellules souches dans le sens glial est plus facile à obtenir que celle qui conduit à des précurseurs de neurones. Par ailleurs, la différenciation des cellules souches greffées dans le sens neural, c'est-à-dire glial ou neuronal, dépend, à tout le moins en partie, de la nature de leur microenvironnement. C'est ainsi que des cellules souches originaires de la moelle épinière du rat adulte se différencient uniquement en cellules gliales lorsqu'elles sont transplantées dans la moelle épinière et en neurones lorsqu'elles sont transplantées dans le cerveau, dans un site très précis de l'hippocampe.

Ces intéressantes observations ont elles un rapport avec le grand problème de la part de l'influence des gènes et de la part de l'influence du milieu sur le développement et le déroulement de la vie d'un individu, problème très souvent évoqué et donnant parfois lieu à d'épiques polémiques ?

Effectivement c'est la grande question de l'influence relative des facteurs génétiques et des facteurs dits « épigénétiques ». Le problème est loin d'être nouveau : le mot *épigenèse* a en effet été proposé par Aristote (quatrième siècle avant J.C.) qui nommait ainsi le développement d'un œuf non organisé en un être vivant de plus en plus complexe, formé de différents tissus et organes. Cette théorie s'opposait à celle, dite « préformationniste ou préformiste », d'Hippocrate qui postulait que l'être vivant préexistait en miniature dans l'œuf. A la fin du XVIIe siècle la théorie préformiste est soutenue par l'Eglise en vertu de la doctrine de la préexistence et de l'emboîtement des germes. Pour certains biologistes de cette époque, partisans de cette théorie, l'embryon est préformé dans l'ovule (ovisme), pour d'autres, tel Nicolas Hartsoeker (1656-1725), l'embryon (homunculus) est préformé dans le spermatozoïde (animalculisme). Mais d'autres savants contemporains réfutent la théorie de la préformation, notamment Maupertuis, qui, en 1745, fait très judicieusement remarquer que l'enfant d'un noir et d'une blanche présente une couleur intermédiaire.

Je suppose que les biologistes actuels adhèrent tous à la théorie de l'épigenèse. En avez-vous des exemples concrets ?

Certainement. Une larve d'abeille évoluera en ouvrière si elle est nourrie au miel et en reine si elle est nourrie à la gelée royale, ce qui dépend du logement (cellule hexagonale ou cellule royale) où est pondu l'œuf. Autre exemple étonnant : un œuf de tortue donnera naissance soit à un mâle soit à une femelle en fonction de la température à laquelle est soumis son développement, sans modification de son ADN. L'épigénétique est par conséquent l'étude des modifications d'activité, d'expression, des gènes, donc des modifications de caractères, transmises au fil des divisions cellulaires ou des générations, sans qu'il y ait modification (mutation) de l'ADN.

Mais revenons à nos cellules souches. Les stratégies de transplantation de cellules embryonnaires ou de cellules souches dans la moelle épinière lésée des mammifères adultes ont plusieurs objectifs : 1) remplacer les neurones soit perdus par nécrose ou apoptose, soit rendus inopérants ; 2) remplacer les cellules gliales perdues par nécrose ou apoptose, principalement les oligodendrocytes formateurs de myéline ; 3) neutraliser les barrières inhibitrices afin de créer un environnement nouveau favorable à la régénération des axones spinaux et supra-spinaux. La grande majorité des transplantations s'effectue au site lésionnel. Les transplantations en position sous-lésionnelle constituent un cas particulier. Commençons par elles.

TRANSPLANTATION DE NEURONES EMBRYONNAIRES EN POSITION SOUS-LÉSIONNELLE

Rappelons qu'après une lésion sévère de la moelle épinière, les neurones localisés au dessus de la lésion (notamment dans le bulbe rachidien, le cerveau) se trouvent totalement déconnectés de leurs cibles naturelles situées dans la moelle épinière sous-lésionnelle. Ils ne peuvent régénérer leurs axones à travers le site lésionnel car ce milieu est très défavorable à la repousse axonale, comme l'on sait. Ils sont donc devenus inopérants. Dans ces conditions, comment les remplacer fonctionnellement ? Pourquoi pas en transplantant des précurseurs neuronaux embryonnaires sous la lésion, au contact direct des neurones cibles, court-circuitant ainsi le site lésionnel ? C'est ce qui a été réalisé en 1989 à Montpellier par l'équipe d'Alain Privat (Yakovleff et al. 1989). Des neurones bulbaires à sérotonine, dits sérotoninergiques, sont prélevés chez des embryons de rat, puis transplantés dans la moelle épinière thoracique de rats adultes, au niveau T12, sous une section médullaire réalisée une semaine plus tôt en T8. Après un délai de 6 semaines, les animaux étaient capables de réaliser une locomotion réflexe sur tapis roulant, grâce à l'activation de leur CPG (*Central Pattern Generator*) lombaire. En outre le fonctionnement de leur vessie était amélioré et, au plan génital, une séquence érection/éjaculation normale pouvait être obtenue. Ces améliorations fonctionnelles n'étaient pas observées chez des animaux lésés mais non greffés. Par la suite, cette équipe a montré que cette activation du CPG lombaire nécessitait une transplantation à un niveau précis de la moelle épinière, en T11 et non en T9, ce qui permettait la réinnervation des segments lombaires L1 et L2 par les neurones transplantés. Cependant, une alternative à cette stratégie de transplantation pourrait consister en un traitement pharmacologique à long terme sur les récepteurs sérotoninergiques (Orsal et al. 2002 ; Antri et al. 2005).

TRANSPLANTATIONS AU SITE LÈSIONNEL

Nous examinerons successivement les transplantations de : moelle épinière fœtale, cellules mésenchymateuses de la moelle osseuse humaine, cellules du cordon ombilical, cellules mésenchymateuses du tissu adipeux, cellules souches neurales.

Moelle épinière fœtale

Des motoneurones embryonnaires transplantés sont-ils capables de se différencier au point de faire croître un long axone ? Pour tenter de répondre à cette question, l'équipe de Jean-Claude Horvat (Université Paris Descartes), a réalisé l'expérimentation suivante : transplantation d'un fragment de moelle épinière fœtale dans une cavité pratiquée dans la moelle épinière de rats adultes, insertion de l'une des extrémités d'un segment de nerf périphérique autologue au sein de la moelle greffée, ligature de l'autre extrémité (greffe aveugle) (Horvat et al. 1991). Après plusieurs mois, un traceur axonal rétrograde est appliqué sur cette extrémité, après sa résection. Il marque, dans le transplant, des neurones à caractère motoneuronal. La conclusion est que des neurones embryonnaires précurseurs de motoneurones se sont différenciés comme tels et ont fait croître des axones dans le nerf greffé. Cette croissance est d'autant plus facilitée qu'elle se fait essentiellement dans des milieux qui lui sont particulièrement favorables : la moelle épinière fœtale et le nerf périphérique.

Cellules souches de la moelle osseuse humaine

Dans des stratégies de réparation de la moelle épinière mammalienne, de très nombreuses études ont été consacrées à la transplantation de cellules souches de la moelle osseuse humaine (BMSCs pour Bone Marrow Stem Cells ou Bone Marrow Stromal Cells, ou encore MSCs pour Mesenchymal Stem Cells) (Fiche 10). Certaines d'entre elles ont été combinées à d'autres approches thérapeutiques dans une optique de multi-thérapie. J'y ferai allusion ultérieurement. Dans des études récentes de monothérapie, les techniques opératoires diffèrent selon les groupes de recherche : transplantation des cellules souches à l'intérieur du site lésionnel (Mannoji et al. 2014), transplantation intrathécale, c'est-à-dire au niveau des méninges ou bien encore injection intraveineuse (Quertainmont et al. 2012).

Les résultats obtenus vont en gros dans le même sens : par rapport à des groupes témoins, meilleure préservation du tissu médullaire ; amélioration des tests locomoteurs, notamment test BBB ; plus importante repousse axonale à partir de neurones du tronc cérébral, particulièrement de fibres nerveuses sérotoninergiques, qui traversent le site lésionnel de part en part ; délai de survie variable des cellules transplantées.

Cellules souches du cordon ombilical

Comment agissent les cellules souches ainsi greffées ? Il reste une large part d'inconnu mais on sait qu'elles sécrètent en fait des substances anti-inflammatoires et anti-apoptotiques (protégeant contre la mort cellulaire programmée), ainsi que des facteurs trophiques favorisant la formation de vaisseaux sanguins, la repousse axonale, la remyélinisation. Eventuellement elles peuvent former de nouveaux neurones.

De façon très originale, une équipe chinoise a transplanté des cellules souches, prélevées dans le cordon ombilical

Fiche 10. *Les cellules souches mésenchymateuses de la moelle osseuse*

La moelle osseuse dite rouge, par opposition à la moelle osseuse jaune, lipidique, comprend deux types principaux de cellules souches :

1. les cellules souches hématopoïétiques (en anglais HSCs pour *Hematopoietic Stem Cells*), donnant normalement naissance aux différents types de cellules sanguines ;
2. les cellules souches mésenchymateuses (en anglais MSCs pour *Mesenchymal Stem Cells*), qui sont également présentes dans d'autres sites que la moelle osseuse, notamment au niveau du tissu adipeux et dans le sang du cordon ombilical, qui constituent des sources très appréciées de ces cellules. Rappelons qu'au cours du développement embryonnaire se forment rapidement trois feuillets : l'ectoderme, à l'origine de l'épiderme et du système nerveux ; l'endoderme qui formera le tube digestif et les poumons ; le mésoderme (comprenant les cellules mésenchymateuses) qui donnera naissance au cartilage, à l'os, au système circulatoire, au tissu musculaire, au tissu conjonctif.

Transplantées dans la moelle épinière lésée, les cellules souches mésenchymateuses sont cependant capables de donner naissance, dans des conditions très particulières, à des cellules neurales (c'est-à-dire ectodermiques), principalement des oligodendrocytes, soit directement, soit en étant reprogrammées par les cellules locales différenciées, par un mécanisme dit de *transdifférenciation**. Cette étonnante reprogrammation est cependant loin d'être claire et fait l'objet de recherches particulières.

Les cellules souches mésenchymateuses sont particulièrement appréciées en traumatologie médullaire pour les raisons suivantes : isolement et cryopréservation faciles, réplication rapide et grande qualité en tant que cellules progénitrices à l'origine de nombreux types cellulaires, immunoréactivité minimale. Transplantées au sein de lésions médullaires, elles sont susceptibles de promouvoir la repousse axonale, de prévenir l'apoptose, de permettre le remplacement de cellules perdues, particulièrement d'oligodendrocytes, et ainsi de faciliter la remyélinisation des axones épargnés par le choc traumatique.

humain, non seulement dans la brèche d'une section complète de la moelle épinière de rats adultes, mais encore à deux millimètres au dessus et en dessous de cette section (Yang et al. 2008). Trois mois après la greffe, les chercheurs ont observé une amélioration des scores locomoteurs, un nombre accru de fibres nerveuses corticospinales régénérées et une diminution du nombre d'astrocytes et de microgliocytes, par rapport à des animaux témoins lésés mais non transplantés. Les cellules transplantées survivent pendant toute la durée de l'expérimentation. Elles restent peu différenciées mais sécrètent des cytokines et des facteurs de croissance humains qui permettraient de rendre compte des résultats positifs observés.

Une équipe canadienne a transplanté, dans la moelle épinière lésée de rats adultes ayant subi un traitement immunosuppresseur, des cellules souches multipotentes produites à partir de cellules sanguines du cordon ombilical, ces cellules étant susceptibles de se différencier en de multiples types cellulaires, y compris des cellules de type oligodendrocytaire, à action neuroprotectrice et anti-inflammatoire (Chua et al. 2010). Les animaux ainsi traités ont réalisé, six semaines après la transplantation, des performances locomotrices (test BBB) supérieures à celles de rats témoins. L'examen histologique a révélé la présence de cellules humaines après un délai d'une semaine, mais pas après six semaines. Par ailleurs, la taille du site lésionnel des animaux opérés s'est montrée réduite par rapport aux animaux contrôles.

Cellules souches du tissu adipeux

Des chercheurs brésiliens ont transplanté des cellules souches mésenchymateuses dérivées de tissu adipeux humain dans une lésion médullaire réalisée par compression chez le rat adulte (Menezes et al. 2014). Cette opération a permis une préservation du tissu médullaire, la régénération axonale et une récupération fonctionnelle. Ces résultats bénéfiques pourraient être liés au fait que les cellules greffées sécrètent de la laminine, composant de la matrice extracellulaire connu pour favoriser la croissance des axones.

Cellules souches neurales

Il s'agit de cellules souches en principe déjà prédifférenciées, engagées dans le sens neural, c'est-à-dire susceptibles de donner naissance à des neurones et à des cellules gliales, notamment des oligodendrocytes formateurs de myéline. Ces cellules sont capables de remyéliniser des axones relativement épargnés par la lésion, mais cependant démyélinisés, et à myéliniser d'éventuelles pousses axonales, la remyélinisation spontanée s'avérant très limitée. Rappelez-vous que des cellules souches neurales ont été mises en évidence assez récemment dans le cerveau et dans la moelle épinière de divers mammifères dont l'espèce humaine.

Mais alors, ces cellules souches ne sont pas capables de réparer les lésions traumatiques de la moelle épinière au sein de laquelle elles se trouvent naturellement ?

Non, malheureusement ! En l'absence de manipulation, ces cellules se transforment généralement en astrocytes qui participent à la gliose réactive inhibitrice de la repousse axonale. Ce qui, vous en conviendrez, ne résout pas vraiment le problème ! Cependant une équipe canadienne (Karimi-Abdolrezaee et al. 2012) a réussi à réactiver ces précurseurs neuraux endogènes multipotents dans le sens oligodendrocytaire par un traitement associant chondroïtinase (qui détruit les CSPG astrocytaires) et facteurs de croissance. Ce traitement, appliqué à des rats paraplégiques ayant subi une lésion médullaire par compression, favorise en outre la formation de nouveaux vaisseaux sanguins et réduit la prolifération macrophagique. Ces approches expérimentales de stimulation des cellules souches endogènes sont certes prometteuses mais ne sauraient se substituer totalement aux stratégies de transplantations de cellules souches exogènes dont le développement est actuellement considérable.

Pour obtenir *in fine* des cellules gliales et des neurones fonctionnels, les sources de cellules souches neurales exogènes sont très variées : non seulement le cerveau et la moelle épinière mais aussi l'embryon, la moelle osseuse adulte, le cordon ombilical…et même la peau. Voici quelques exemples de travaux récents destinés à illustrer mon propos.

Après avoir réalisé une lésion par contusion de la moelle épinière de rats adultes, des chercheurs de Philadelphie et de Baltimore ont transplanté simultanément des précurseurs neuronaux et des précurseurs gliaux au site lésionnel (Mitsui et al. 2005). Les cellules transplantées survivent et se différencient en neurones et en cellules gliales qui migrent de façon sélective. Cette double transplantation améliore l'activité locomotrice et le fonctionnement de la vessie, diminue l'hypersensibilité thermique et modifie les circuits nerveux de la moelle épinière. Ces améliorations sont attribuées à une préservation et/ou à une repousse de fibres nerveuses descendantes, notamment noradrénergiques (dont le neurotransmetteur est la noradrénaline) et sérotoninergiques (dont le neurotransmetteur est la sérotonine).

L'équipe japonaise d'Okano a utilisé des cellules souches neurales humaines génétiquement modifiées pour produire de la galectine 1, molécule connue pour ses effets positifs sur la croissance et la différenciation cellulaires, l'apoptose et la croissance des prolongements des cellules nerveuses embryonnaires, les neurites (Yamane et al. 2010). Ces cellules modifiées ont été transplantées dans la moelle épinière de petits singes, les marmousets, également connus sous le nom de ouistitis. Les cellules transplantées se différencient en neurones, astrocytes et oligodendrocytes. Les tests comportementaux apparaissent significativement meilleurs que pour les groupes témoins, notamment celui dont les cellules souches n'expriment pas la galectine.

L'équipe tchèque d'Eva Sykova (associée au King's College de Londres) a transplanté des cellules souches neurales dérivées de la moelle épinière fœtale humaine dans la moelle épinière thoracique de rats adultes, après lésion par compression effectuée une semaine auparavant. Après un délai de deux mois, les chercheurs ont constaté une bonne survie des cellules transplantées ainsi que des améliorations fonctionnelles sensori-motrices significatives (Amemori et al. 2013).

On pourrait multiplier les exemples à l'infini. De nombreuses équipes, américaines notamment, ont montré la différenciation de différentes cellules souches progénitrices en oligodendrocytes myélinisateurs d'axones en régénération, processus qui est manifestement en rapport avec les améliorations fonctionnelles significatives observées.

Permettez-moi, Marc, de relater une dernière expérimentation quelque peu différente et cependant riche en enseignements nouveaux. Une équipe mixte Taiwan/USA a étudié les effets de protéines spécifiques de la matrice extracellulaire*, associées à des facteurs neurotrophiques, sur la différenciation neurale, et même neuronale, de cellules progénitrices multipotentes dérivées de moelle osseuse humaine (Deng et al. 2014) transplantées dans une lésion médullaire. A la suite de ce traitement, les chercheurs ont observé des améliorations fonctionnelles significatives (test BBB).

Les cellules souches représentent-elles un réel espoir pour les paraplégiques ?

Il est clair que le recours aux cellules souches constitue une véritable révolution dans le domaine de la médecine réparatrice. L'ampleur des recherches, tant fondamentales que cliniques qu'elles suscitent actuellement, est considérable : déjà plus de 200.000 publications originales ! Leur manipulation reste malgré tout délicate. Dans le domaine qui nous intéresse ici, de nombreuses questions se posent encore. Quel est le matériel idéal pour des transplantations intramédullaires à but thérapeutique ? Cellules souches embryonnaires, cellules souches de la moelle osseuse ou cellules souches neurales, plus capables de donner naissance à la fois à des neurones et à des cellules gliales ? Ces dernières, et plus encore les cellules progénitrices de neurones ou de cellules gliales, semblent en fait avoir la faveur des chercheurs.

Autre interrogation : quelle priorité dans le remplacement des cellules détruites ? Pour ce qui concerne les neurones, j'ai déjà indiqué que le remplacement des motoneurones tués au site lésionnel n'était pas un objectif prioritaire dans le cas des atteintes traumatiques de la moelle épinière, contrairement à l'urgence d'un tel remplacement pour la sclérose latérale amyotrophique, par exemple. En revanche, transplanter des précurseurs de neurones, localisés normalement dans des structures supra-spinales comme le tronc cérébral, dans la moelle épinière sous-lésionnelle, au contact de leurs cibles neuronales naturelles, présente infiniment plus d'intérêt. Comme nous venons de le voir, c'est le cas des neurones sérotoninergiques du raphé*, région particulière du tronc cérébral.

Dans l'état actuel des recherches, c'est cependant la transplantation de précurseurs d'oligodendrocytes qui constitue la priorité des priorités, une partie non négligeable des déficits fonctionnels post-traumatiques observés étant attribuable à des processus de démyélinisation, tant au site lésionnel qu'à une certaine distance de celui-ci. Les cellules souches neurales sont d'abord « prédifférenciées » en culture dans le sens de la lignée oligodendrocytaire. D'une façon générale, la différenciation des cellules souches neurales se fait plus aisément dans ce sens que dans celui produisant des astrocytes et des neurones, ce qui constitue un atout dans la présente situation. Ces stratégies de remyélinisation sont, à l'évidence, en partie communes avec celles qui sont actuellement développées dans le cadre de la recherche de solutions thérapeutiques pour la sclérose en plaques, maladie auto-immune démyélinisante.

La thérapie génique

Explicitée précédemment, dans les « méthodes de la recherche fondamentale », la thérapie génique est, rappelons-le, une technique de biologie moléculaire permettant d'introduire dans l'organisme soit des cellules génétiquement modifiées, soit un vecteur, généralement viral, contenant un gène d'intérêt thérapeutique appelé *transgène**. Les exemples d'utilisation de cette technologie apparaissent çà et là dans l'ensemble de mon exposé.

La vaccination thérapeutique

Un vaccin pour réparer les para- et tétraplégiques ? A première vue, cela peut paraître étrange, voire saugrenu. C'est pourtant l'objectif de plusieurs équipes de recherche de par le monde. Loin de moi l'idée de vous faire un cours d'immunologie, Marc. Quelques explications préalables me paraissent cependant nécessaires.

Je vous suis tout à fait, Patrick !

Un antigène est une molécule libre, ou portée par un virus, une bactérie ou une cellule, molécule pouvant être identifiée par l'organisme dans lequel elle pénètre. Si elle est reconnue comme étrangère à cet organisme, c'est-à-dire appartenant au « non-soi », elle déclenchera, par le biais de processus fort complexes, une réaction dite immunitaire, c'est-à-dire la prolifération des seuls lymphocytes B et T qui présentent les anticorps correspondants, de structure complémentaire. Un anticorps a la propriété essentielle de se lier de façon très spécifique à l'antigène, ce qui permet, dans un premier temps, de le neutraliser. L'antigène sera par la suite détruit (phagocytose, intervention de cellules tueuses). En revanche, les molécules du « soi » ne sont pas reconnues comme étrangères sauf dans le cas d'auto-immunité, ce qui est notamment le cas de la sclérose en plaques où la myéline est détruite.

La vaccination est une aide à la réponse immunitaire. Dans le cas des atteintes traumatiques de la moelle épinière, l'idée directrice est de susciter la production d'anticorps spécifiques contre les antigènes que sont, dans cette situation particulière, les inhibiteurs myéliniques.

Mais ces composants de la myéline sont des molécules du « soi » !

C'est bien là le problème. Bien sûr ces molécules sont préalablement modifiées mais la réaction immunitaire obtenue correspond bien, en fait, à une réaction auto-immune. Les résultats et les interprétations de l'expérimentation animale ayant pour objectif la mise au point d'un vaccin sont d'ailleurs très contradictoires : effets bénéfiques pour une équipe israélienne et pour une équipe chinoise, effets franchement délétères pour une équipe américaine. A suivre !

Les multithérapies

Les multi-thérapies combinent plusieurs approches expérimentales dans un but d'efficacité thérapeutique optimale.

N'aurait-on pas pu commencer par là ?

Vous savez, Marc, en recherche fondamentale, et même en recherche clinique, la règle de base est de ne traiter qu'un problème à la fois, afin d'établir une relation de cause à effet parfaitement claire. Cependant, à un certain point des recherches, la combinaison de plusieurs stratégies réparatrices devient incontournable. Cette démarche est relativement récente. Rappelons ces stratégies : neuroprotection, neutralisation des inhibiteurs myéliniques, réduction de la cicatrice gliale, stimulation de la repousse axonale, remyélinisation, rééducation sensorimotrice. A l'évidence la combinaison de plusieurs de ces approches suppose la constitution de plusieurs groupes expérimentaux, en quelque sorte témoins, chez lesquels un seul paramètre est considéré. Cette expérimentation chez l'animal, qui peut être considérée comme préclinique, est essentielle à la mise en œuvre, *a priori* complexe, d'essais cliniques ultérieurs de multi-thérapie. Les études de multithérapie sont en plein essor. Je me bornerai ici à relater quelques études particulièrement dignes d'intérêt.

Dans le cadre du *Miami Project to Cure Paralysis,* l'équipe dirigée par Mary Bunge a entrepris une série d'expérimentations avec pour objectif la recherche de la meilleure combinaison de différents protocoles. Dans une première étude ce groupe de recherche a comparé les effets de combinaisons faisant intervenir les protocoles suivants : transplantation de cellules de Schwann (Sc) ; transplantation de cellules engainantes olfactives (OEC) ; administration de molécules neuroproprotectrices (NP) ; administration de facteurs de croissance (NT) ; addition de chondroïtinase (Ch) ; élévation du taux d'AMP cyclique (AMPc) (Bunge 2008).

Qu'est-ce que l'AMP cyclique ?

L'AMP cyclique, ou plus explicitement l'adénosine mono-phosphate cyclique, est une molécule qui intervient dans la plupart des fonctions métaboliques en tant qu'intermédiaire dans l'action des hormones et des neurotransmetteurs. Pour notre propos, nous retiendrons en particulier qu'en situation de stress cette molécule conduit à la libération de glucose à partir de glycogène et qu'elle joue un rôle dans la contraction musculaire.

Mais revenons à l'équipe de Miami. De façon inattendue, les résultats sont différents pour les deux protocoles chirurgicaux mis en œuvre. Dans le cas d'une section médullaire complète avec pontage par des cellules de Schwann, la meilleure combinaison est Sc/OEC/Ch : dans le pont schwannien, on observe une augmentation du nombre de fibres nerveuses sérotoninergiques et trois fois plus de fibres myélinisées par rapport à des témoins, avec une corrélation significative entre cette ré-innervation et l'amélioration des performances motrices estimées par le test BBB. Dans le cas d'une lésion obtenue par contusion, la meilleure combinaison est Sc/AMPc : nombre plus élevé de fibres nerveuses myélinisées dans le transplant, plus de fibres nerveuses régénérant à partir de différentes populations neuronales du tronc cérébral, corrélation entre le nombre de fibres nerveuses sérotoninergiques et l'amélioration des tests locomoteurs. Dans les deux cas de lésions, les stratégies combinées donnent des résultats supérieurs à ceux de la seule transplantation de cellules de Schwann.

Une expérimentation récente de ce groupe (Kanno et al. 2014) a combiné la transplantation de cellules de Schwann, modifiées génétiquement pour sécréter à la fois un facteur neuro-trophique et de la chondroïtinase, dans une lésion médullaire contuse réalisée chez le rat adulte. Par rapport à un groupe témoin (sécrétion de la seule chondroïtinase), les résultats suivants ont été obtenus : plus grand nombre d'axones myélinisés par les cellules de Schwann ; nombre accru d'axones proprement médullaires, d'axones cortico-spinaux, d'axones sérotoninergiques dans le greffon et hors de celui-ci, notamment dans la moelle caudale ; amélioration fonctionnelle significative de la locomotion.

D'autres groupes de recherche ont expérimenté avec succès diverses combinaisons de protocoles : cellules souches neurales/Ch, cellules souches/cellules de Schwann modifiées génétiquement pour produire du facteur neurotrophique NT-3, cellules souches neurales adultes/Ch/facteurs neurotrophiques, traitement anti-Nogo-A/Ch.

D'autres expérimentations, qui se révèlent d'un très grand intérêt, incluent une stimulation de la motricité dite « enrichissement moteur » : aux animaux expérimentaux sont proposées diverses formes d'activités motrices carrément ludiques, sollicitées par un agencement particulièrement sympathique de leur espace de vie comportant des étages, des rampes, des surfaces sophistiquées...et des récompenses ! Ou bien entraînement sur tapis roulant et autres réjouissances ! Les combinaisons suivantes ont ainsi été testées, l'exercice étant abrégé en Ex : Ex/OEC/Sc ; Ex/OEC ; Ex/fibroblates modifiés génétiquement pour produire des facteurs neurotrophiques, Ex/Ch/facteurs de croissance (Alluin et al. 2014), etc...Dans tous les cas, la récupération motrice observée s'est avérée supérieure à celle obtenue avec un seul des composants de la combinaison. Il semble que l'un des effets de l'exercice moteur soit de favoriser la prolifération de cellules souches neurales au pourtour du canal central de la moelle épinière. Avec la combinaison Sc/OEC/Ch, une équipe canadienne a amélioré le fonctionnement de la vessie de rats adultes. Cette combinaison a eu pour effet de réduire le dépôt de collagène au niveau de la paroi vésicale et, partant, d'améliorer la vidange de la vessie. Au total, ces stratégies de multithérapies s'annoncent très prometteuses (Kanno et al. 2015).

Réactivation du « générateur spinal de marche »

Vous vous souvenez, Marc, de l'existence, dans la moelle épinière lombo-sacrée, d'un véritable centre nerveux autonome, le CPG (*Central Pattern Generator*) de la communauté scientifique internationale (en français GSM pour *générateur spinal de marche*, terme très peu utilisé), commandant l'activité locomotrice alternée des deux membres postérieurs. Dans les conditions normales, ce centre est sous le double contrôle d'une part des afférences sensitives, ce qui permet la locomotion en terrain accidenté, d'autre part des voies motrices descendantes provenant du tronc cérébral et du cerveau, ce qui est essentiel pour obtenir un bon équilibre postural et une locomotion volontaire parfaite, impliquant notamment le déplacement orienté vers un but précis, l'initiation ou l'arrêt de la marche, en fonction des sollicitations fluctuantes de l'environnement. Dans ces conditions de sujétion, ce centre peut-il par ailleurs manifester une réelle autonomie ? La réponse est oui, comme on a pu le démontrer chez le chat. C'est ainsi que chez cet animal dont la moelle épinière a été sectionnée, une marche sur tapis roulant a pu être observée après injection de *clonidine* ou entraînement locomoteur de plusieurs semaines. Cette récupération locomotrice « non volontaire » est accélérée par la combinaison de ces deux traitements : entraînement locomoteur intensif et injection quotidienne de clonidine (Chau et al. 1998). Mais qu'en est-il après des sections incomplètes de la moelle épinière ? On constate que les animaux lésés récupèrent, bien qu'imparfaitement, une locomotion, « volontaire » cette fois. Comment interpréter ces observations : implication des seules voies descendantes épargnées ou réorganisation optimisée du CPG et nouveau contrôle dynamique des systèmes descendants moteurs sur ce CPG ?

Pour répondre à cette interrogation, l'équipe canadienne de Serge Rossignol a réalisé, toujours chez le chat adulte, une très ingénieuse expérimentation (Barrière et al. 2008). Cinq animaux subissent une lésion médullaire partielle, du côté gauche, au niveau thoracique T10-T11. Trois d'entre eux (groupe 1) sont alors soumis à un entraînement locomoteur intensif sur tapis roulant, les deux autres (groupe 2) en sont privés. Lorsqu'une démarche symétrique est obtenue, les cinq animaux subissent une section médullaire complète en T13, puis sont entraînés à la locomotion sur tapis roulant plusieurs fois par semaine. De façon inattendue, dès vingt-quatre heures après la section, les animaux du 1er groupe montrent de remarquables aptitudes à la locomotion. En revanche, les animaux du second groupe ont une démarche franchement asymétrique : la patte postérieure gauche (côté de la première lésion, partielle) fonctionne correctement dans les jours qui suivent la section complète, tandis que la patte postérieure droite ne fonctionne que 10 à 12 jours plus tard, délai normal pour une locomotion dite spinale.

Que nous apprennent ces surprenants résultats ? Ils démontrent une réorganisation du CPG qui lui donne, après section médullaire complète, une autonomie qui n'est contrôlée que par les seules afférences sensitives. Dans cette expérimentation, il va de soi que l'intensité et la durée de l'entraînement locomoteur préalable sont des facteurs essentiels à la récupération locomotrice observée. Ces expériences mettent clairement en relief une participation de la moelle épinière en tant que telle. Dans ces conditions, un petit contingent de fibres nerveuses cérébrales descendantes (motrices) suffit, en se connectant au CPG, pour réaliser une activité motrice volontaire.

Voilà pour le chat, mais qu'en est-il pour le rat, animal expérimental par excellence ? L'existence du CPG étant démontrée, des études indiquent qu'une activité locomotrice non volontaire peut être restaurée chez des rats paraplégiques à condition toutefois de stimuler le générateur par des traitements appropriés : pharmacologie, transplantations ou stimulation sensorielle. Rappelons à cet égard l'expérience de l'équipe d'Alain Privat, relatée précédemment. Chez l'animal intact, la moelle épinière est innervée par les axones de neurones à sérotonine (dits sérotoninergiques) dont les corps cellulaires sont localisés dans une région discrète du bulbe rachidien, le raphé*. Après section médullaire complète, rendant inopérants ces neurones bulbaires d'origine, des neurones embryonnaires du raphé sont transplantés sous la lésion médullaire, au contact des cibles naturelles de ces neurones. Cette greffe permet la restauration d'une marche non volontaire sur tapis roulant, sans traitement pharmacologique adjuvant. Inversement, le même résultat peut cependant être obtenu par un traitement purement pharmacologique, sans transplantation.

Dans ce même contexte, l'équipe suisse de Grégoire Courtine (*Ecole Polytechnique Fédérale de Lausanne, EPFL*) a réalisé une large expérimentation qui ouvre des perspectives effectivement très prometteuses (voir « La Recherche », n° 496, février 2015). Dans une première étude, publiée en 2009 (Courtine et al. 2009), la moelle épinière de rats adultes est complètement sectionnée, ce qui rend ces animaux paraplégiques par suite de la déconnexion du cerveau avec la moelle épinière sous-lésionnelle. Constat classique. A la suite de cette chirurgie, les chercheurs ont combiné trois traitements complémentaires : 1) un traitement stimulant par des agonistes du neurotransmetteur sérotonine (agoniste = substance agissant dans le même sens) ; 2) une stimulation électrique de la moelle épinière sous-lésionnelle ; 3) et un entraînement locomoteur sur tapis roulant, avec soutien du poids du corps au moyen d'un harnais. Ces différents traitements ont permis de réactiver des réseaux médullaires sous-lésionnels non fonctionnels, dormants en quelque sorte, dès le délai d'une semaine. La locomotion des rats ainsi traités présentait des caractéristiques très proches de la marche volontaire. Mais ces animaux n'avaient pas réellement « l'intention de marcher ». Comment expliquer ces résultats ? Soyons clair : aucun ordre n'est envoyé par le cerveau. Ce sont uniquement des messages sensoriels issus du contact des pattes avec le tapis roulant qui, en synergie avec la pharmacologie sérotoninergique, réveillent et réactivent les réseaux spinaux sous-lésionnels endormis.

L'étape suivante de cette expérimentation, publiée en 2012 (van den Brand et al. 2012), a été de chercher à obtenir, cette fois, une marche réellement et incontestablement volontaire, sans l'aide d'un tapis roulant. Le harnais est attaché à un système robotisé mobile, installé au plafond de la pièce, soutenant le rat lors de ses déplacements. Celui-ci est appâté avec du chocolat. L'animal, toujours stimulé pharmacologiquement et électriquement, et soutenu par le harnais, marche jusqu'à sa « récompense », le chocolat. Cette marche est donc bien volontaire, le cerveau du rat ayant émis l'ordre d'avancer et tenté de le transmettre aux réseaux neuronaux sous-lésionnels. L'ensemble de ces stimulations fait repousser des fibres nerveuses médullaires qui contournent le site lésionnel. Après 7 à 8 semaines d'un tel entraînement, les rats ont récupéré pratiquement toute leur motricité d'avant l'expérimentation.

Plus récemment encore, une nouvelle étape a été franchie (Wenger et al. 2014). Les chercheurs ont d'abord analysé la biomécanique d'une patte valide puis, sur un modèle de rat paraplégique, ils ont mis au point un algorithme informatique modulant les stimulations électriques des muscles afin de reproduire ces variables et par conséquent à obtenir la démarche d'un rat valide. Puis ils ont installé des capteurs de mouvement, reliés à un ordinateur, dans l'espace parcouru par les rats expérimentaux. Lorsque, muni de son harnais, le rat paralysé avance, les capteurs analysent les mouvements de ses pattes et transmettent ces données à l'ordinateur : celui-ci les insère dans l'algorithme qu'il fait tourner toutes les 20 millisecondes. Ainsi sont calculés les paramètres physiologiques des membres à ce moment précis. En fonction de ces données, l'ordinateur envoie la stimulation adéquate aux réseaux nerveux sous-lésionnels qui commandent les muscles des pattes, dont l'activité est détectée par les capteurs. Et ainsi de suite. Le système fonctionne donc en boucle fermée et en temps quasi réel.

Grégoire Courtine, dont les recherches sont très médiatisées, a manifestement le vent en poupe mais le caractère inédit de ses avancées a été remis en question par d'autres chercheurs qui lui reprochent notamment d'oublier de citer les travaux antérieurs qui l'ont manifestement inspiré. L'intérêt de ces études ne pouvant néanmoins être remis en cause, cette méthodologie peut-elle être transposable à l'homme ? Grégoire Courtine en est intimement persuadé de sorte que des essais cliniques sont d'ores et déjà sérieusement envisagés, avec des possibilités de collaboration avec John Donoghue, le pionnier de l'interface cerveau-machine.

Conclusions sur la recherche fondamentale

Que conclure de ces recherches fondamentales concernant, chez l'animal, les possibilités de réparation post-traumatique de la moelle épinière ? A l'évidence l'ampleur des études menées sur ce sujet, dans le monde entier, par des milliers de chercheurs, est considérable. Avec des résultats dans l'ensemble fort encourageants, bien qu'inégaux.

Je suis en effet très impressionné et en même temps très perplexe. Apparemment, il existe un véritable fossé entre les remarquables performances motrices obtenues, après différents traitements, chez des rats paraplégiques, et les pauvres améliorations fonctionnelles, quand bien même elles sont constatées, observées chez les patients humains. Je suis cependant très impatient de savoir où en est la recherche clinique concernant ce douloureux problème qui est mon vécu quotidien.

Je partage largement votre sentiment, Marc, mais pas tout à fait votre pessimisme. Rappelons tout d'abord les principaux objectifs que se sont fixés les chercheurs fondamentalistes de ce domaine de la médecine réparatrice : neuroprotection, stimulation et guidage de la repousse axonale et rétablissement de connexions fonctionnellement utiles, remplacement des cellules détruites par des cellules neuves, notamment des cellules souches, réactivation du générateur spinal de marche. Ces objectifs ont-ils été atteints ou sont-ils en passe de l'être ?

La cascade cytotoxique, neurodégénérative, initiée immédiatement par le choc traumatique, est dévastatrice. C'est, à l'échelle cellulaire, un véritable tsunami ! Cette cascade, fort complexe, est encore insuffisamment connue et comprise. Elle conduit, vous le savez, à l'extension de la lésion initiale, dite primaire, en une lésion dite secondaire. Les différentes molécules testées, que je vous ai présentées précédemment, ont toutes montré un effet neuroprotecteur significatif chez l'animal, bien que n'agissant généralement qu'à un seul niveau de cette cascade infernale.

Une repousse des axones lésés, en vue du rétablissement de connexions fonctionnement utiles, a pu être obtenue, soit en contrant l'action des inhibiteurs gliaux (astrocytes réactifs ou certains constituants de la myéline oligodendrocytaire), soit en offrant aux pousses axonales un micro-environnement nouveau, beaucoup plus permissif que le « milieu central » endommagé. Ces stratégies se sont révélées très productives, leurs résultats fort encourageants. Elles ont révélé d'importantes potentialités de repousse axonale, susceptibles de conduire à une notable récupération motrice, et plus particulièrement locomotrice. Dans ce contexte, la transplantation de cellules engainantes olfactives, au site lésionnel, a permis différentes restaurations fonctionnelles telles que la motricité du membre antérieur, la locomotion, la fonction respiratoire, la fonction urinaire.

La transplantation de cellules embryonnaires ou de cellules souches de substitution a donné des résultats particulièrement dignes d'intérêt dans deux situations différentes. Dans le premier cas, des neurones embryonnaires sérotoninergiques du raphé, transplantés dans la moelle épinière sous-lésionnelle, permettent une récupération significative de différentes fonctions : locomotrice, vésicale et génitale. Dans le second cas, la transplantation, au site lésionnel, de précurseurs d'oligodendrocytes, permet une notable remyélinisation axonale et, en conséquence, une amélioration de la conduction des influx nerveux dans la zone lésée. La manipulation des cellules souches est loin d'être parfaitement maîtrisée mais elle ouvre d'immenses perspectives.

La réactivation du générateur spinal de marche peut être obtenue par la greffe de précurseurs de neurones à sérotonine, comme nous venons de le voir, par traitement pharmacologique, par entraînement locomoteur et par stimulation des afférences sensitives, par stimulation électrique de la moelle épinière ou, mieux encore, par la combinaison de plusieurs de ces approches expérimentales.

Les multi-thérapies, enfin, constituent une stratégie relativement nouvelle et très prometteuse.

Le bilan global de la large expérimentation de recherche fondamentale que nous venons de survoler est donc nettement positif même si certains de ses volets restent encore insuffisamment compris ou résolus.

9. La recherche clinique

Par un souci évident d'éthique vous comprendrez aisément, Marc, qu'on ne saurait appliquer à la recherche clinique les mêmes protocoles expérimentaux que ceux mis en œuvre en recherche fondamentale sur des animaux. La méthodologie de cette recherche sera par conséquent très différente. En principe et idéalement, les essais cliniques font suite à des études dites précliniques réalisées chez l'animal par plusieurs laboratoires indépendants, avec une méthodologie dûment éprouvée. Les essais cliniques déjà effectués, en cours ou en projet (plus de 700 dans le monde pour la seule traumatologie de la moelle épinière !), ne couvrent pas encore tous les programmes expérimentaux développés chez l'animal.

D'où tenez-vous cette surprenante information ?

C'est très simple, Marc. Il vous suffit d'aller sur le site www.clinicaltrials.gov, puis d'entrer le groupe de mots « spinal cord injury ». Pour chaque essai clinique vous aurez tous les renseignements voulus. Bon courage.

En traumatologie médullaire, la première démarche, évidente, est de chercher à diminuer les risques d'accident par la prévention.

Vous voulez parler de la prévention routière, j'imagine.

Oui mais pas uniquement. Les causes de la paraplégie d'origine traumatique sont multiples comme vous le savez : accidents de la route en tout premier lieu, mais aussi accidents du sport et des loisirs, du travail, violences par arme à feu ou par arme blanche, tentatives de suicide.

L'accident n'ayant pu être évité, quelle que soit sa cause, on sait que la probabilité d'une récupération fonctionnelle spontanée de bonne qualité est malheureusement faible. Le but des essais cliniques est par conséquent de chercher à obtenir une restauration anatomique et fonctionnelle satisfaisante, permettant le retour à une vie normale.

Mon propos, Marc, est de vous donner ici un aperçu très large, mais non exhaustif, des recherches cliniques menées en ce début du vingt-et-unième siècle, en privilégiant les essais présentant un intérêt historique, stratégique ou méthodologique évident. Pour différentes raisons que j'évoquerai le moment venu, certains essais pilotes n'ont pas eu de suite. Par ailleurs, de façon occasionnelle, je serai amené à mentionner, pour mémoire, des travaux plus ou moins contestables émanant de pays où les règles éthiques et méthodologiques ne sont pas pleinement respectées.

Quelques mots d'abord sur les méthodes propres à la recherche clinique.

Méthodologie

Le concept d'essais cliniques a été introduit et formalisé par le philosophe et médecin musulman d'origine perse Avicenne, en 1025, dans son *Livre des lois médicales*. Pour commencer, un clin d'œil à un « essai historique » bien connu, réalisé en 1747 par le chirurgien britannique James Lind. Dans ces temps reculés, les marins au long cours étaient fréquemment atteints de scorbut, maladie dont on ignorait l'étiologie, c'est-à-dire la cause. Confronté à une épidémie survenue pendant un long séjour en mer, ce chirurgien astucieux et méthodique eût l'idée de diviser un groupe de 12 marins malades en 6 sous-groupes soumis à autant de régimes alimentaires différents. Au bout de six jours l'état des deux malades qui avaient mangé des oranges et des citrons s'était considérablement amélioré. Conclusion : on les remit sans délai au lavage du pont ! On ne précise pas, dans ce beau récit, quel était le régime alimentaire du chirurgien ! On établit par la suite que le produit actif, antiscorbutique, contenu dans ces agrumes, était la vitamine C.

Les essais cliniques modernes consistent à appliquer un traitement soit médical, soit chirurgical à des personnes averties et consentantes, dans des conditions rigoureusement encadrées à la fois techniquement et éthiquement, c'est-à-dire respectant des règles, ou à tout le moins des recommandations, édictées par différents organismes ou associations au cours de réunions spécialement ciblées sur ces problèmes (voir ci-après). Ces essais sont en principe réalisés à la suite d'une expérimentation préclinique effectuée chez l'animal. Ils sont généralement comparatifs. Schématiquement un groupe de malades reçoit le traitement supposé actif tandis qu'un autre reçoit un produit neutre, inactif, appelé « placebo ». Dans les faits, un ou plusieurs groupes expérimentaux peuvent être constitués si l'on choisit de tester différents dosages du produit. Les essais, « randomisés » (de l'anglais *random*, hasard), c'est-à-dire aléatoires (les différents participants sont choisis au hasard), sont mis en œuvre pour éviter les biais de sélection qui pourraient conduire à la constitution de groupes différant par leur origine sociale, leur historique médical, leur situation personnelle, etc…Lorsqu'un groupe placebo est constitué, l'essai est dit « contrôlé ». Les essais sont réalisés soit en *simple aveugle* (le malade ignore quel traitement il reçoit), soit en *double aveugle* (le malade et le praticien qui administre le produit ignorent tous deux quel traitement, principe actif ou placebo, est appliqué). Les produits administrés sont évidemment codés et les codes décryptés à la fin de l'étude. Si le principe actif a de fortes chances d'être bénéfique, comme c'est le cas après des études précliniques très positives ou en raison de son agrément antérieur pour d'autres pathologies, le groupe placebo peut être omis pour des considérations éthiques.

Ce devrait être toujours le cas !

Pas nécessairement, si l'on n'est pas absolument certain de l'effet globalement positif du produit testé chez l'homme.

Il ne faut pas perdre de vue que les essais cliniques sont très longs, difficiles à mettre en place et extrêmement onéreux. Ces essais se déroulent en quatre étapes : phase I, phase II, phase III, phase IV. En phase I, l'essai clinique dit préliminaire ne porte que sur un nombre restreint de participants, afin de tester le degré de sûreté d'un médicament ou d'un traitement médical invasif, c'est-à-dire susceptible de léser l'organisme. Il se fait le plus souvent sur des volontaires sains indemnisés. En phase II, l'essai, dit étude pilote, porte sur un plus grand nombre de participants, malades, dans le but de tester l'efficacité du traitement et d'évaluer le degré de nocivité d'éventuels effets secondaires. En phase III, l'essai, dit étude pivot, porte sur un très grand nombre de patients. Son objectif est de tester un médicament ou un traitement médical qui s'est révélé efficace, avec des effets secondaires acceptables, au cours des phases I et II. La phase IV est le suivi à long terme des patients après que la commercialisation du traitement ait été autorisée.

L'évaluation des résultats se fait grâce à différents tests, objectifs (moteurs et sensitifs) (fiche 11) ou subjectifs (le ressenti du malade). En 1992, l'ASIA (*American Spinal Injury Association*) et l'IMSOP (*International Medical Society Of Paraplegia*) ont redéfini des standards internationaux de façon à établir une classification neurologique fonctionnelle des traumatismes de la moelle épinière. En 2006, l'ICCP (*International Campaign for Cures of spinal cord injury Paralysis*) a formulé des recommandations d'ordre à la fois méthodologique et éthique, les quatre sujets de discussion portant sur : 1) la récupération spontanée ; 2) les résultats des essais cliniques ; 3) les critères d'inclusion/exclusion des patients retenus pour ces essais, ainsi que les problèmes d'éthique ; 4) la planification des essais cliniques (ICCP panel 2007).

Quels sont les critères d'exclusion ?

Ils sont nombreux. A titre d'exemples seront exclues de l'essai les personnes sous l'emprise de drogues ou de médicaments non anodins, les femmes enceintes, toutes situations qui pourraient compliquer l'interprétation des résultats.

Concernant la recherche clinique à proprement parler, les points suivants seront abordés et développés successivement : neuroprotection, contrôle de la réaction astrocytaire et des inhibiteurs myéliniques, pontage du site lésionnel et repousse axonale, remyélinisation et amélioration de la conduction de l'influx nerveux, rétablissement de circuits fonctionnels, interface cerveau/machine.

Neuroprotection

Je ne reviendrai pas sur le tsunami cellulaire et moléculaire, déclenché par le choc traumatique, qui se développe dramatiquement dans les quelques heures qui le suivent. Compte tenu de cette rapidité, les mesures de neuroprotection doivent impérativement être prises dans ce très court

FICHE 11. *Tests neurologiques sensorimoteurs*

Les résultats de tests moteurs (activité de muscles des membres judicieusement choisis) et sensitifs (sensibilité au toucher : coton, piqûre d'épingle) permettent d'évaluer les déficits sensorimoteurs selon une échelle AIS (*Asia Impairment Scale*) allant de A (déficit total, aucune fonction sensorimotrice dans les segments médullaires sacrés S4-S5) à E (sensorimotricité normale).

La FIM (*Functional Independence Measure*) permet d'estimer le degré d'autonomie du blessé médullaire dans sa vie quotidienne. La FIM-L (*Functional Independence Measure Locomotor score*) mesure les capacités de marche de la cotation 1 (patient totalement dépendant) à la cotation 7 (patient indépendant, marche supérieure à 50 mètres sans assistance, en un temps raisonnable). Le WISCI (*Walking Index for Spinal Cord Injury*) est une amélioration de ce test. La SGI (*Subject Global Impression*) donne une mesure de « l'impression globale du patient » sur son état.

laps de temps, ce qui implique une optimisation du transport à l'hôpital.

Pour ce qui me concerne personnellement, j'ai le sentiment d'avoir été pris en charge dans les meilleurs délais, mais j'ignore si l'on m'a administré un quelconque produit neuroprotecteur dans les quelques heures qui ont suivi mon accident.

Vous pouvez toujours vous renseigner à ce sujet.

Le choc traumatique touche d'abord le rachis (la colonne vertébrale) qui est disloqué ou fracturé. La moelle épinière, qui est logée à l'intérieur, se trouve alors plus ou moins fortement compressée, étirée (lésions contuses), voire déchirée, rarement complètement sectionnée (attaque par arme blanche ou par arme à feu). Rappelons que le facteur déclenchant de la cascade cytotoxique, dégénérative, est l'ischémie, c'est-à-dire l'arrêt complet ou à tout le moins l'extrême ralentissement de la circulation sanguine locale. Il en résulte une anoxie, en d'autres termes une privation d'oxygène. D'où la nécessité de rétablir sans délai une tension artérielle suffisante, puis de réaliser une intervention chirurgicale de décompression. Dans le cadre du projet nord-américain STASCIS (*Surgical Treatment for Acute Spinal Cord Injury Study*), une étude pilote canadienne a montré que cette opération était à la fois sûre et bénéfique. En dehors de la chirurgie, la plupart des recherches sont d'ordre moléculaire. Dans ce contexte, j'ai précédemment évoqué, en expérimentation animale, l'utilisation de différentes molécules à effet neuroprotecteur. Les principaux de ces composés sont la méthylprednisolone (MP), la naloxone, le tirilazad, le GM-1, la TRH, le riluzole, la nimodipine, le GK-11.

La méthylprednisolone et les essais NASCIS

L'histoire de l'utilisation de la méthylprednisolone (en abrégé MP) en traumatologie médullaire a fait couler beaucoup d'encre et donné lieu à de nombreuses et épiques controverses. Ce glucocorticoïde a été largement utilisé, dans les années 1970-1980, pour réduire l'œdème post-lésionnel. Afin de déterminer si cette molécule avait des effets réellement positifs sur l'amélioration neurologique des blessés médullaires, un essai randomisé, multicentrique, fut organisé en 1979 aux Etats-Unis. Cet essai, dénommé NASCIS I (*National Acute Spinal Cord Injury Study*) portait sur deux groupes de patients, le premier recevant une dose faible (100 mg par jour) de MP, le second une dose forte (1000 mg par jour), dans les mêmes conditions par ailleurs. Pour des raisons d'éthique, l'effet du produit étant *a priori* supposé bénéfique, un groupe placebo ne fut pas constitué. Malheureusement les résultats de ces essais furent décevants, avec en outre un risque accru des effets secondaires pour le second groupe.

Quels sont ces effets secondaires ?

Ils sont nombreux mais les plus délétères sont les infections, notamment la pneumonie, surtout pour les forts dosages. D'où l'abandon, à tout le moins provisoire, de l'utilisation de cette molécule par les neurochirurgiens. Cependant un regain d'intérêt pour la MP a été suscité par l'hypothèse selon laquelle les glucocorticoïdes pourraient agir en tant qu'antioxydants. On a observé par ailleurs que la naloxone, antagoniste des récepteurs opiacés, c'est-à-dire de l'opium, améliorait les performances motrices chez l'animal. Par la suite, une étude clinique de phase I a montré l'innocuité de cette molécule.

Les essais cliniques NASCIS II découlent de résultats expérimentaux concernant l'utilisation de la MP et de la naloxone à fortes doses. La MP pour commencer. Une injection intraveineuse de MP (30 mg par kg) est faite impérativement dans le délai de 8 heures suivant l'accident. Puis le même produit est administré en perfusion pendant 23 heures à raison de 5,4 mg par kg par heure. Résultats : une amélioration de l'état neurologique est observée tant chez les paraplégiques complets que chez les paraplégiques incomplets. Cette amélioration est maintenue après un délai post-traumatique pouvant aller jusqu'à un an. Fait d'une très grande importance : la récupération est moindre lorsque le produit est administré plus de huit heures après l'accident. Quant à la naloxone, elle n'a montré quelque efficacité que chez les paraplégiques incomplets.

Malheureusement la MP est une arme à double tranchant. Outre son action anti-oxydante, qui est essentielle, elle montre une action anti-inflammatoire intéressante, certes, mais potentiellement responsable d'effets secondaires délétères. Son action anti-oxydante n'étant cependant pas liée à sa structure de glucocorticoïde, des chercheurs ont pensé à modifier la structure de cette molécule afin d'augmenter l'effet antioxydant et à éliminer les effets gênants. D'où la mise au point de composés non glucocorticoïdes, les 21-aminostéroïdes ou « lazaroïdes », en particulier l'un d'entre eux, le « tirilazad ».

La découverte du tirilazad et, malgré certains inconvénients, l'efficacité de la thérapie MP à hautes doses, révélées par NASCIS II, ont conduit à l'organisation des essais cliniques NASCIS III (Bracken et al. 1997). Trois groupes de patients ont été constitués : 1) injection de MP à fort dosage (30 mg par kg), puis perfusion de MP à raison de 5,4 mg par kg par heure pendant 23 heures (comme pour NASCIS II) ; 2) Idem mais perfusion prolongée jusqu'à 48 heures ; 3) Injection d'une dose unique de MP (30 mg par kg), suivie d'un traitement par tirilazad pendant 48 heures. Pour ces trois groupes, certains patients ont pu recevoir l'injection initiale de MP dans les trois heures suivant l'accident, d'autres dans la fenêtre 3-8 heures. Aucun groupe placebo n'a été constitué.

Quels sont les résultats observés pour ces différents groupes ? 1) La récupération fonctionnelle est meilleure pour la fenêtre temporelle 0-3 heures que pour la fenêtre temporelle 3-8 heures ; 2) le traitement par tirilazad est aussi efficace que le traitement MP/24 heures du premier groupe ; 3) si le traitement par MP débute après 3 heures, sa prolongation jusqu'à 48 heures donne de meilleurs résultats que s'il est limité à 24 heures, mais l'occurrence d'effets délétères (pneumonie notamment) est plus grande. Dans les mêmes conditions, le tirilazad ne présente pas ces inconvénients. Son utilisation au-delà de 48 heures apparaît plus sûre que celle de la MP mais son efficacité est moindre. En résumé l'utilisation des corticoïdes à fort dosage montre à la fois des effets bénéfiques et des effets délétères. Afin de minimiser les risques, la MP est administrée très précocement (si possible dans les 3 heures) avec un dosage très précis. Malgré ces précautions, le bénéfice obtenu en termes de récupération fonctionnelle reste modeste.

Les essais NASCIS ont fait l'objet de nombreuses critiques et controverses, parfois très violentes, de la part de cliniciens et de chercheurs qui soulignaient les effets globalement néfastes de la méthylprednisolone à hautes doses. Trois analyses critiques indépendantes, solidement étayées, ont même été publiées au cours de l'année 2000. La thérapie MP à doses fortes pendant 24 heures n'a pas été officiellement approuvée aux Etats-Unis, mais elle y est officieusement et largement mise en œuvre ainsi que dans tous les pays où le produit est commercialisé. En Europe en général, et en France en particulier, son usage ne fait l'objet d'aucune recommandation.

En dehors des essais NASCIS, une autre molécule a été testée, le GM-1. Ce ganglioside abonde dans les membranes plasmiques des neurones. Un premier essai de phase II, unicentrique, c'est-à-dire réalisé dans un seul centre médical, avait montré des effets bénéfiques sur la récupération neurologique de 37 patients soumis à un traitement par cette molécule pendant 24 heures. L'étude a été ensuite élargie à des essais multicentriques de phase III. Mais, programmée après les essais NASCIS, et par mesure de sécurité, l'administration du GM-1 a été faite consécutivement à un traitement préalable par la MP. Dans ces conditions, l'amélioration neurologique est observée plus rapidement qu'après utilisation de la seule MP mais le niveau de la récupération fonctionnelle n'est pas fondamentalement différent.

Autres molécules à effet neuroprotecteur

D'autres molécules neuroprotectrices, que j'ai signalées précédemment en recherche fondamentale, ont été testées en clinique, notamment la TRH, la minocycline, le riluzole, la nimodipine et la gacyclidine (GK-11).

D'abord testée positivement chez l'animal, l'hormone hypophysaire TRH (*Thyrotropin-Releasing Hormone*) a fait l'objet d'un essai clinique réalisé en 1995 à l'Hôpital Général de San Francisco. Vingt patients ont été traités dans les 12 heures suivant le choc traumatique. Une amélioration sensorimotrice, évaluée sur un suivi de 12 mois, n'a été observée que chez les paraplégiques incomplets.

La minocycline a manifesté quelques effets positifs dans le traitement des accidents vasculaires cérébraux (AVC) et de la sclérose latérale amyotrophique. Pour ce qui concerne les traumatismes de la moelle épinière, les résultats d'un essai clinique de phase II avec groupe placebo, effectué à Calgary au Canada (Casha et al. 2012) sont plutôt encourageants : la molécule est sûre et semble avoir une certaine efficacité, ce qui autorise le passage à une étude multicentrique de phase III.

Le riluzole, la nimodipine et la gacyclidine agissent en bloquant certains canaux ioniques.

Je n'ai jamais entendu parler de ces canaux, Patrick ! Où sont-ils localisés ? A quoi servent-ils au juste ?

Pardonnez-moi, j'aurais dû vous présenter ces acteurs de premier ordre du fonctionnement cérébral dans mon exposé sur le neurone.

Les canaux ioniques sont des protéines très particulières, totalement intégrées dans la membrane plasmique du neurone qu'ils traversent de part en part. Elles sont percées d'un trou, d'un pore pour être à la fois plus précis et plus élégant, qui peut être soit ouvert soit fermé. En position ouverte, ces canaux laissent passer sélectivement certains ions, principalement le sodium (Na^+), le potassium (K^+), le calcium (Ca^{2+}), le chlore (Cl^-). Ces canaux jouent ainsi un rôle essentiel dans la propagation du signal nerveux le long de l'axone et dans sa transmission au niveau des synapses. Le riluzole, la nimodipine et la gacyclidine sont des bloquants de certains de ces canaux, c'est-à-dire qu'ils empêchent le passage des ions à travers le pore par différents mécanismes.

Le riluzole est un bloquant des canaux sodium et un inhibiteur de la libération du neurotransmetteur inhibiteur glutamate. L'utilisation de ce médicament ayant reçu antérieurement l'aval de la très rigoureuse *Food and Drug Administration* (FDA) américaine (agence américaine pour les médicaments) pour le traitement de la sclérose latérale amyotrophique, un essai clinique multicentrique de phase I vient d'être réalisé par le *North American Clinical Trials Network* (NACTN) (Grossman et al. 2014). Le groupe expérimental, c'est-à-dire traité par le riluzole dans les 12 heures suivant l'accident, était constitué de 28 lésés cervicaux et de 8 lésés thoraciques. Il n'était pas constitué de groupe placebo à proprement parler mais le groupe traité par le riluzole était comparé (« matché ») à un groupe identique, ayant reçu le même traitement de base, sans riluzole, groupe constitué artificiellement à partir des archives médicales du NACTN.

Rappelons que la phase I d'un essai clinique a pour principal objectif de tester la sûreté d'un médicament. Dans le cas présent la molécule est bien tolérée et l'on n'a pas observé d'effets secondaires sérieux pouvant être attribués au seul traitement par le riluzole. L'amélioration fonctionnelle observée, apparente après un délai post-lésionnel de 90 jours, s'est avérée meilleure que pour le groupe témoin, ce qui légitime le passage en phase II.

La nimodipine est un bloquant des canaux calcium qui a un effet relaxant sur les muscles lisses en général. Cette molécule est utilisée depuis longtemps en neurologie pour son action relaxante sur la musculature lisse qui entoure les vaisseaux sanguins du cerveau et de la moelle épinière. Ce qui, en théorie, permet un accroissement du débit sanguin. A la suite d'une étude préclinique plutôt positive faite sur des babouins par une équipe bordelaise, la même équipe a réalisé un essai clinique portant sur 106 patients (48 paraplégiques, 58 tétraplégiques) présentant une lésion médullaire aigüe. Ces patients ont été répartis en 4 groupes recevant les traitements suivants : MP, nimodipine, MP + nimodipine, placebo. A préciser que tous ces patients avaient préalablement subi une chirurgie de stabilisation du rachis et de décompression de la moelle épinière. Une faible récupération fonctionnelle a été observée chez tous les groupes sans qu'il soit réellement possible de l'attribuer au traitement pharmacologique ou à la seule chirurgie.

La gacyclidine ou GK-11 bloque la pénétration du calcium, dont on connait les effets délétères au cours du tsunami déclenché par le choc traumatique, à l'intérieur des neurones. Une étude préliminaire réalisée sur 280 paraplégiques n'a conduit à une amélioration fonctionnelle significative que pour des lésions cervicales très hautes. La quasi-totalité des patients avait subi une décompression préalable de leur moelle épinière, dont on sait qu'elle est en soi un traitement efficace, ce qui relativise encore davantage l'action potentielle de cette molécule.

L'ensemble de ces résultats cliniques, concernant des molécules dont l'effet neuroprotecteur avait pourtant été reconnu chez les rongeurs, apparaissent comme plutôt décevants. En conséquence d'autres stratégies de neuroprotection sont actuellement envisagées : mise au point de nouveaux antioxydants, anti-inflammatoires, stabilisateurs de membranes, notamment.

Bien que n'étant plus concerné par ces mesures de neuroprotection, qui doivent être prises dans les quelques heures qui suivent l'accident, je ne vous cacherais pas que je suis franchement déçu par les résultats de ces essais cliniques qui mobilisent tant d'énergie et tant d'argent !

Je comprends, mais vous admettrez que les chercheurs, eux, ne sont nullement découragés et qu'ils n'abandonnent pas la partie. Pensez au cancer, au SIDA. Bien que d'énormes progrès aient été enregistrés, une solution thérapeutique radicale de ces redoutables maladies n'existe pas encore.

Pour ce qui nous concerne notre propos, le fait que le passage d'un essai clinique d'une phase I à une phase II, ou d'une phase II à une phase III, soit autorisé est en soi franchement encourageant.

L'hypothermie

L'hypothermie est de nouveau à la mode dans le traitement des atteintes traumatiques du système nerveux central.

Vous voulez dire que cette technique a déjà été mise en œuvre antérieurement ?

Effectivement, dans les années 1970.

Et, à l'époque, on n'a pas donné suite à cette intéressante expérimentation. Les voies de la recherche sont vraiment impénétrables !

En tout cas complexes, avec des allers-retours. En outre, depuis cette époque, les acquis, les techniques, les idées ont considérablement évolué. Mais parlons du présent. Concernant la moelle épinière, une étude préliminaire portant sur 14 patients âgés de 16 à 62 ans et présentant une lésion cervicale complète (AIS A), a été réalisée en 2009 à Miami. Une hypothermie systémique modérée, à 33°C, est induite au moyen d'un cathéter réfrigérant intravasculaire, neuf heures en moyenne après l'accident, maintenu en place pendant 48 heures environ. Après un délai d'un an, l'état des patients s'est nettement amélioré : trois sont devenus AIS B, deux AIS C, un AIS D. Ces résultats bénéfiques ont été confirmés par une étude consécutive portant sur 21 patients traités 5 à 6 heures après l'accident (Dididze et al. 2013). Une étude plus large, multicentrique et randomisée, est d'ores et déjà envisagée.

Contrôle de la réaction gliale astrocytaire

La réaction gliale représente, on le sait, un obstacle majeur de la régénération axonale dans le système nerveux central des mammifères adultes. Les astrocytes présents au site lésionnel deviennent réactifs et sur-expriment deux protéines filamenteuses, la GFAP et la vimentine. Une large expérimentation de thérapie génique, menée en France par les équipes d'Alain Privat et de Jacques Mallet, a permis de neutraliser, chez la souris, les gènes programmant normalement ces deux protéines (voir : recherche fondamentale). Après lésion médullaire, Il en résulte une stimulation de la repousse de fibres nerveuses sérotoninergiques et une amélioration de la motricité de la patte postérieure située du côté lésionnel. Ces études précliniques constituent une étape importante vers des études cliniques avec passage préalable obligé par le primate non humain et le porc, animal dont les caractéristiques tissulaires sont assez proches de celles de l'homme.

Pontage du site lésionnel et repousse axonale

Ne nous voilons pas la face, il est bien là le grand problème de la réparation des blessés de la moelle épinière. En effet comment faire repousser des centaines de milliers, voire des millions de fibres nerveuses à travers la lésion médullaire, dans un terrain *a priori* si peu favorable à cette croissance ? Autre défi majeur : à supposer que cette croissance soit possible, comment reconnecter utilement toutes ces fibres à leurs cibles neuronales d'origine ? Un bémol à ce pessimisme néanmoins : l'expérimentation animale nous a appris que la restructuration à l'identique de la moelle épinière n'était probablement pas indispensable à une récupération fonctionnelle pleinement satisfaisante ; qu'un faible contingent de fibres descendantes, motrices, pouvait restaurer une activité motrice sous-lésionnelle volontaire acceptable en se connectant sur des réseaux neuronaux médullaires autonomes. Mais ce qui vaut pour le rat vaut-il pour l'espèce humaine ? Quoiqu'il en soit l'homme est toujours prêt à relever les défis qui se présentent à lui, il faut lui faire confiance !

Beau discours, Patrick, mais permettez-moi, à travers mon vécu personnel, de ne pas partager votre enthousiasme !

Je vous comprends parfaitement, Marc. Mais une fois de plus faites confiance aux chercheurs : ils sont sur la bonne voie, même si leur cheminement s'annonce encore long et semé d'embûches.

Les stratégies de pontage du site lésionnel et de repousse axonale peuvent être mises en œuvre soit par thérapie cellulaire soit par thérapie moléculaire.

Thérapie cellulaire

La thérapie cellulaire fait appel à des techniques de transplantation de cellules ou de fragments de tissus, supposés créer un milieu favorable, « permissif », à la repousse des fibres nerveuses lésées : nerfs périphériques, cellules de Schwann, cellules engainantes olfactives, tissu nerveux fœtal, cellules souches, macrophages activés.

TRANSPLANTATION DE NERFS PÉRIPHÉRIQUES

Ce sont les premières transplantations qui aient été mises en oeuvre, dès l'aube du XXe siècle, pour tenter de réparer les lésions du cerveau et de la moelle épinière. Le grand intérêt de cette stratégie est d'utiliser des tissus dits autologues c'est-à-dire prélevés sur le receveur lui-même, ce qui évite leur rejet.

De très nombreuses applications cliniques ont été réalisées de par le monde mais un nombre très limité de ces essais a fait l'objet de publications dans des revues spécialisées à comité de lecture rigoureux et exigeant. Je ne vous citerai que deux exemples d'études publiées dans des conditions acceptables, la première où le transplant de nerf périphérique réunit les deux moignons d'une moelle épinière complètement sectionnée, le second où la greffe reconnecte la moelle épinière lésée à des muscles squelettiques sous-lésionnels.

Une équipe de Taïwan a traité un seul patient présentant une paraplégie chronique (4 ans) de niveau T11, complète selon les auteurs, consécutive à une agression par arme blanche. Les moignons médullaires sont réunis par 4 segments de nerf sural autologue connectant la substance blanche rostrale à la substance grise caudale. La greffe est stabilisée par de la colle de fibrine imprégnée d'un facteur de croissance. Deux ans et demi plus tard le patient a pu quitter son fauteuil roulant et marcher avec un déambulateur, atteignant ainsi le score AIS D. Ce résultat assez surprenant pourrait laisser supposer que la lésion initiale n'était pas complète.

Une équipe française a également traité un seul patient présentant une paraplégie chronique (3 ans) de niveau T9 (Tadié et al. 2009). Trois ans après l'accident, 3 segments de nerf sural autologue ont été implantés au site lésionnel de façon à réunir les quadrants antéro-latéraux droit et gauche, au niveau T7-T8 de la moelle, avec les racines lombaires ventrales homolatérales L2-L4 respectivement. Huit mois plus tard, les expérimentateurs ont pu observer une contraction volontaire des muscles adducteurs et du quadriceps gauche, corroborée par des tests électrophysiologiques. Ces muscles ont donc été reconnectés aux centres encéphaliques via des motoneurones situés au dessus de la lésion.

TRANSPLANTATION DE CELLULES DE SCHWANN

En 2008, une équipe iranienne a transplanté des cellules de Schwann purifiées dans la moelle épinière de 4 paraplégiques chroniques âgés de 22 à 43 ans. Sur un suivi de 1 an, la transplantation s'est avérée sure mais sans bénéfice fonctionnel apparent.

TRANSPLANTATION DE CELLULES ENGAINANTES OLFACTIVES

Et l'on en revient aux fameuses cellules engainantes olfactives, récemment très médiatisées. Je me suis longuement étendu précédemment, en recherche fondamentale, sur les caractéristiques et les propriétés de ces cellules. Je tiens seulement à repréciser que ces cellules ne sont pas des neurones mais des cellules gliales, à l'instar des cellules de Schwann dont elles partagent par ailleurs certaines propriétés.

Les cellules engainantes olfactives (OEC) sont prélevées soit à partir de bulbes olfactifs embryonnaires provenant d'IVG (interruption volontaire de grossesse), soit à partir de la muqueuse olfactive du patient lui-même, ce qui présente le double avantage d'éviter un rejet en réalisant une autogreffe et de se protéger des critiques d'ordre éthique. Les principaux essais cliniques ont été réalisés en Chine, au Portugal, en Australie et, en Pologne, sous le contrôle d'un chercheur britannique.

Les essais chinois tout d'abord, qui nécessitent d'être quelque peu détaillés. A l'hôpital Chaoyang de Pékin, l'équipe de Hongyun Huang a traité un nombre impressionnant de patients. Dans ce pays surpeuplé il est clair que le nombre de paraplégiques « disponibles » pour de tels essais est considérable.

Une première étude clinique de phase II, publiée en 2003, a porté sur 171 patients (139 de sexe masculin, 32 de sexe féminin), âgés de 2 à 64 ans et répartis en 5 tranches d'âge (Huang et al. 2003). Le délai séparant l'accident du traitement par OEC variait de 6 mois à 18 ans. Les lésions siégeaient au niveau cervical (114 cas), au niveau thoracique (52 cas), à la jonction thoraco-lombaire (5 cas). Les OEC provenaient de bulbes olfactifs de fœtus humains issus d'IVG. Ces cellules sont d'abord cultivées, puis injectées sous forme de suspensions (500.000 cellules) de part et d'autre de la lésion médullaire. Il n'y a pas eu de constitution d'un groupe placebo. L'évaluation neurologique AIS est faite avant la transplantation et 2 à 8 semaines après celle-ci. On constate une amélioration générale des scores sensorimoteurs sans grand rapport avec l'âge, le sexe, le délai post-lésionnel, le niveau et la sévérité de la lésion.

Une étude complémentaire du même type, publiée en 2006, a porté sur 300 patients volontaires : 222 lésions complètes, 78 lésions incomplètes, avec un intervalle post-lésionnel variant de 6 mois à 31 ans. Les résultats de cette étude sont à tous égards comparables à ceux des précédents essais cliniques.

Une troisième étude du même genre, uniquement testée par IRM (imagerie par résonance magnétique), a porté sur 16 patients suivis pendant un délai postopératoire moyen de 38 mois (Huang et al. 2006). L'imagerie n'a décelé aucune évolution de type pathologique telle qu'infection, œdème, hémorragie, cavitation, tumeur. Les cliniciens chercheurs en concluent à la parfaite innocuité de cette thérapie. Conséquences : plusieurs milliers de patients sont sur liste d'attente !

Ces essais ont cependant été très critiqués par la communauté scientifique internationale : pas de mention de l'utilisation d'immunosuppresseurs, absence de marquage cellulaire spécifique (les cellules greffées sont-elles réellement des OEC ?), critères d'inclusion/exclusion des patients mal définis, absence de groupe contrôle, suivi clinique discutable. En outre les résultats sont biaisés par le fait que les patients ont bénéficié, avant la transplantation, de l'administration préalable de facteurs neurotrophiques dont on ignore par ailleurs le dosage.

Il se trouve que par extraordinaire une équipe américaine a pu tester, avant et après la greffe, sept patients opérés par le docteur Huang (Dobkin et al. 2006). Aucune amélioration fonctionnelle n'a pu être observée et cinq d'entre eux ont même présenté des complications postopératoires de type méningite. Dans ces conditions, on ne sera guère surpris d'apprendre que les auteurs de ce rapport déconseillent vivement aux cliniciens d'avoir recours à ce protocole particulier de greffe !

Cette analyse très critique n'a apparemment pas découragé l'équipe chinoise qui vient d'entreprendre un nouvel essai clinique de transplantation intra médullaire combinant cellules olfactives et cellules de Schwann, avec un certain bénéfice fonctionnel (!) selon ses auteurs (Chen et al. 2014).

Au Portugal, l'équipe de Carlos Lima a traité 7 paraplégiques de classe AIS A, la plus invalidante, âgés de 18 à 32 ans, 6 mois à 6 ans après l'accident. Ces patients ont tous reçu une autogreffe de muqueuse olfactive non dissociée au niveau de lésions médullaires de 1 à 6 centimètres siégeant entre C4 et T6. Après l'opération, ils ont subi un entraînement locomoteur (Lima et al. 2006).

L'évaluation des résultats a été faite, après 6, 12 et 18 mois, principalement par IRM et tests neurologiques ASIA/IMSOP. L'IRM a révélé un bon remplissage du site lésionnel par le matériel transplanté. Tous les patients ont montré une amélioration de leur test AIS ; deux sont passés de la classe AIS A à la classe AIS C. Six patients sur sept ont montré un certain degré de récupération sensorielle générale (toucher léger, piqûre d'épingle) ; deux ont récupéré une certaine sensibilité au niveau de leur vessie, l'un d'eux ayant pu en outre contracter volontairement son sphincter anal. Les chercheurs portugais ont expliqué, et même vanté, les avantages de leur technique de transplantation par rapport à d'autres approches de thérapie cellulaire, leur choix délibéré d'utiliser des autogreffes de muqueuse olfactive non dissociée étant, selon eux, dicté par les considérations suivantes : le matériel greffé est éminemment plastique ; les tissus non dissociés se montrent plus efficaces que les suspensions cellulaires ; la muqueuse olfactive renferme à la fois des cellules souches multipotentes et des OEC favorables à la repousse axonale et à la myélinisation ; l'utilisation d'auto-greffons évite le rejet immunologique…et les critiques d'ordre éthique ; le prélèvement est peu traumatisant, le retour à des sensations olfactives normales se fait dans les 3 mois.

En dépit de ces beaux arguments, cette étude a été largement critiquée : flou du protocole ; absence de suivi systématique ; grand nombre de types cellulaires mal définis présents dans le transplant, couplage des greffes avec une rééducation motrice, ce qui complique l'interprétation des résultats ; absence de publication dans une revue scientifique de niveau international.

Une nouvelle étude de ce groupe, apparemment sans modification notable du protocole précédent (entraînement moteur avant et après transplantation de muqueuse olfactive non dissociée), a fait l'objet d'une publication en 2010 (Lima et al. 2010). Cet essai concernait 7 paraplégiques et 13 tétraplégiques, 17 hommes et 3 femmes, âgés de 19 à 37 ans, traités de 18 à 189 mois après l'accident, avec un suivi allant de 12 à 45 mois. Selon Carlos Lima, les résultats de cette étude sont encourageants : faisabilité, sécurité, amélioration du score fonctionnel ASIA.

L'équipe australienne d'Alan Mackay-Sim, à l'université Griffith de Brisbane, a réalisé un essai clinique de phase I, en simple aveugle (les patients seuls ignorent quel traitement leur est fait), portant sur 6 paraplégiques, 3 traités, 3 non opérés. Ces patients, âgés de 18 à 55 ans et présentant tous une paraplégie complète avec lésion médullaire thoracique, ont été testés et/ou transplantés plus de six ans après l'accident. Cette étude avait en fait pour objectif principal de tester la faisabilité et la sécurité de greffes autologues d'OEC sur un suivi de 3 ans (Mackay-Sim et al. 2008).

Les OEC sont cultivées et purifiées *in vitro* à partir de biopsies nasales. Elles sont injectées au pourtour et à l'intérieur du site lésionnel. L'évaluation des patients se fait tous les 6 mois, pendant 3 ans, par IRM, tests AIS, tests neurologiques et psychosociaux. L'état neurologique reste stable, sans aucune dérive pathologique, mais les améliorations fonctionnelles observées ne sont pas significatives. A l'issue de cette étude qu'ils estiment eux-mêmes préliminaire, les auteurs concluent à la parfaite faisabilité de la technique de transplantation mise en œuvre, à sa parfaite innocuité et à sa grande sécurité sur le long terme.

Tous ces résultats sont certes intéressants mais restent *a priori* en deçà des légitimes attentes des patients et des cliniciens en termes de récupération fonctionnelle, notamment locomotrice.

Et puis, très récemment, un véritable coup de tonnerre médiatique à la gloire de ces cellules nasales : un paraplégique polonais remarche grâce à la transplantation d'OEC au site lésionnel (Tabakow et al. 2014). Examinons les choses d'un peu plus près. La greffe a été réalisée en Pologne sous le contrôle de Geoffrey Raisman (*UCL Institute of Neurology*), expert britannique des transplantations d'OEC chez l'animal. Technique innovante chez l'homme : un des deux bulbes olfactifs du patient est prélevé puis mis en culture pendant deux semaines pour produire des OEC. Ces cellules sont alors transplantées de part et d'autre du site lésionnel (une large brèche de 8 mm). En outre, plusieurs petits segments de nerf périphérique autologue sont disposés longitudinalement dans la brèche afin de créer un pontage entre les deux moignons médullaires. Trois mois après cette opération, la musculature de la cuisse gauche a augmenté de volume, six mois plus tard le patient est capable de remarcher avec l'aide d'un rééducateur, tout en étant soutenu par un harnais. Deux ans plus tard, il est capable de se déplacer à l'aide d'un déambulateur, bien que cette activité le fatigue. Il note en outre une amélioration de la sensibilité de la vessie et de la fonction sexuelle. Au vu de ces progrès, Geoffrey Raisman n'hésite pas à dire que « *c'est un évènement plus important pour l'homme que celui d'avoir marché sur la lune* » !! Cependant la communauté scientifique internationale n'a pas été avare de critiques vis-à-vis de cet essai clinique plutôt surprenant : un cas unique ne prouve pas grand-chose, 10 à 20 p. 100 des paraplégiques récupérant spontanément, quoique de façon partielle.

Mais si cet essai a été publié dans une revue scientifique sérieuse et exigeante, il n'y a rien à dire, n'est-ce pas !

C'est le cas, effectivement. Il y aurait beaucoup à dire à ce sujet mais attendons plutôt les résultats de nouveaux essais du même genre et évitons la critique trop systématique.

En conclusion de l'ensemble des études concernant la transplantation intramédullaire de cellules engainantes olfactives, il apparaît clairement que les résultats des essais cliniques, hormis celui supervisé par G. Raisman, sont beaucoup moins convaincants que la large expérimentation réalisée chez l'animal. Un résultat essentiel cependant : la parfaite innocuité de ces greffes, ce qui est fort encourageant pour la poursuite d'essais cliniques ayant recours aux OEC. Le mécanisme d'action de ces cellules reste cependant mal connu : agissent-elles directement, par elles-mêmes, ou indirectement en favorisant par exemple le recrutement de cellules de Schwann myélinisantes qui, elles, seraient les vrais responsables des effets observés. A l'évidence une meilleure connaissance des propriétés fondamentales des OEC permettrait de les utiliser avec une efficacité optimale.

TRANSPLANTATION DE MOELLE EPINIÈRE FOETALE

Chez l'animal, la transplantation de moelle épinière fœtale non dissociée conduit à des améliorations fonctionnelles certes modestes mais cependant significatives Cette stratégie présente deux avantages : elle est à la fois une source de cellules « neuves » (neurones et cellules gliales embryonnaires) et un milieu particulièrement favorable à la repousse des axones de la moelle épinière lésée de l'animal receveur. Transposée à l'homme, cette stratégie se heurte évidemment à des objections d'ordre éthique. Plusieurs essais cliniques sérieux ont cependant été réalisés mais dans le contexte quelque peu différent, bien qu'apparenté, de celui des traumatismes de la moelle épinière, celui de la syringomyélie. Cette pathologie, qui peut être soit d'origine pathologique, soit consécutive à une atteinte traumatique, est caractérisée par le développement, à l'intérieur de la moelle épinière, de grandes cavités remplies de liquide céphalo-rachidien, résultat d'une mauvaise circulation de ce liquide. Elle peut se développer dans les années qui suivent une atteinte médullaire traumatique. La technique consiste à combler ces cavités par du matériel biologique issu de plusieurs fœtus humains.

Trois groupes de recherche, un russe, un américano-suédois et un américain, ont développé cette technique sur un petit nombre de patients. Leurs résultats sont concordants : les cavités sont comblées par le matériel transplanté, on n'observe ni évolution tumorale ni autre complication. Les auteurs de ces travaux ne constatent aucune amélioration fonctionnelle mais soulignent la faisabilité et la sécurité de telles transplantations, ce qui aurait pu susciter de nouveaux essais si de nouvelles limitations de l'utilisation de matériel fœtal humain, à tout le moins aux Etats-Unis, n'avaient été édictées en l'an 2000 par la très rigoureuse *Food and Drug Administration* (FDA). Cette stratégie de transplantation intramédullaire a néanmoins été développée et continue de l'être dans plusieurs pays, Chine et Cuba notamment, dans des conditions discutables et avec des résultats peu convaincants.

TRANSPLANTATION DE CELLULES SOUCHES

Comme je l'ai mentionné précédemment, les cellules souches sont des cellules multipotentes, polyvalentes, c'est-à-dire capables de se différencier en divers types cellulaires. Par conséquent, leur utilisation, largement initialisée, ouvre des perspectives immenses dans le domaine de la médecine réparatrice. On sait à présent que ces précieuses cellules sont omniprésentes, tant chez l'embryon que dans l'organisme parvenu à maturité, chez l'animal aussi bien que chez l'homme, dans tous les organes y compris le cerveau et la moelle épinière. Dans le cas qui nous intéresse ici plus particulièrement, celui d'une possible réparation des blessures de la moelle épinière, ces cellules ne paraissent néanmoins pas actives spontanément, c'est le moins qu'on puisse dire, les paraplégiques restant à l'évidence cloués dans leur fauteuil roulant !

C'est incroyable, des cellules souches sont présentes dans la moelle épinière mais paraissent bizarrement inactives, comme endormies, même en cas de blessure grave de la moelle épinière ! Ne pourrait-on pas sortir ces cellules souches de leur léthargie, les réactiver en quelque sorte, par des manipulations expérimentales adéquates ?

Quelques études vont dans ce sens mais n'ont pas encore donné les résultats escomptés. En revanche, la transplantation massive de cellules souches d'origine exogène, c'est-à-dire extérieure à l'organisme, paraît être, de loin, la stratégie la plus prometteuse en termes d'efficacité. Dans ces conditions *a priori* favorables, quelles cellules transplanter et dans quel but précis ? La plupart des essais cliniques réalisés à ce jour ont recours à des cellules de la moelle osseuse adulte. Pour deux raisons. La première est que la moelle osseuse renferme des cellules souches, hématopoïétiques et mésenchymateuses, capables, dans des conditions bien précises, de donner naissance à des cellules gliales et à des neurones, soit directement soit indirectement en étant reprogrammées par les cellules locales différenciées (c'est ce qu'on appelle la transdifférenciation*). La seconde raison est d'abord d'ordre technique. Les cellules souches sont en effet prélevées sur le patient lui-même, multipliées en culture *in vitro*, puis soit transplantées au site lésionnel, soit injectées dans le liquide céphalo-rachidien ou dans la circulation générale. Il s'agit donc d'une greffe autologue ou autogreffe, qui n'est pas reconnue comme étrangère et par conséquent non rejetée. L'autre avantage est de ne pas avoir recours à du matériel embryonnaire humain provenant d'IVG et ainsi de se prémunir contre des critiques d'ordre éthique. De très nombreux essais cliniques ont d'ores et déjà été réalisés, ou sont en cours de réalisation ou figurent à l'état de projet, dans de très nombreux pays.

A Prague, en République Tchèque, l'équipe d'Eva Sykova a injecté des cellules souches de la moelle osseuse, par voie artérielle ou par voie intraveineuse, à 20 patients présentant une lésion médullaire complète, subaigüe ou chronique, de 10 à 467 jours après l'accident (Sykova et al. 2006). Différentes évaluations fonctionnelles ont été faites 3, 6 et 12 mois après l'administration de moelle osseuse : scores AIS, score WISCI (*Walking Index for Spinal Cord Injury*), potentiels évoqués, IRM. Résultats : des améliorations sensorimotrices modérées, surtout chez les patients présentant une lésion récente et ayant subi une injection cellulaire par voie artérielle.

Une équipe russe a mis en œuvre le même type de protocole en administrant la moelle osseuse par injection intraveineuse. Résultats : bonne tolérance du matériel injecté, pas de réaction allergique ou inflammatoire, amélioration sensorimotrice par rapport à des témoins.

Pardonnez-moi, Patrick, je comprends parfaitement qu'on transplante des cellules souches au niveau de la lésion médullaire mais qu'on les injecte directement dans le sang, franchement je ne comprends rien du tout à l'intérêt de cette étrange technique !

Votre remarque est tout à fait judicieuse, Marc. Elle nécessite une explication circonstanciée que voici. En cas de migraine vous allez prendre de l'aspirine ou du paracétamol qui va rapidement passer dans la circulation sanguine générale. Et pourtant l'action de ce médicament ne va guère se concrétiser qu'au niveau de votre crâne douloureux. Les cellules souches sécrètent notamment des facteurs trophiques qui vont également agir comme un médicament sur les zones traumatiques. Premier point. Mais en fait les cellules souches agissent surtout au site lésionnel en tant que structures cellulaires. Second point. De nombreuses recherches ont en effet clairement démontré que les cellules souches injectées dans le sang migrent jusqu'au site médullaire lésionnel. Cette migration est prouvée par un marquage spécifique de ces cellules qui permet de les identifier à coup sûr. Plus étonnant encore, aucune cellule ainsi marquée n'a été retrouvée dans le cœur, le poumon, le foie ou le rein (Paul et al. 2009), ce qui prouve le parfait ciblage des cellules souches ainsi injectées.

Cependant l'injection de ces cellules souches, non plus dans la circulation générale mais, plus directement, dans le liquide céphalo-rachidien, donne de meilleurs résultats. En clinique humaine les avantages de ces techniques d'injection à distance du site lésionnel sont multiples. En effet l'injection au sein même de la lésion suppose une chirurgie relativement lourde d'accès au site, dont les risques ne sont pas nuls. En outre on sait très peu de chose sur les effets de cette transplantation, possiblement lésionnels en eux-mêmes.

Mais revenons-en à l'expérimentation que je relatais. Le protocole de l'équipe coréenne de Yoon est un peu plus complexe (Yoon et al. 2007) que ceux mis en œuvre dans les précédentes études. Elle combine en effet la transplantation de moelle osseuse autologue au site lésionnel avec l'injection d'une cytokine* hématopoïétique neuroprotectrice favorisant la prolifération des macrophages (GM-CSF pour *Granulocyte Macrophage Colony Stimulating Factor*), chez 35 patients présentant une lésion médullaire complète. Il s'agit d'une étude clinique de phase I/II. Quatre groupes ont été constitués : 1) groupe aigu (17 patients) traité moins de 14 jours après l'accident ; 2) groupe subaigu (6 patients) traité entre 14 jours et 8 semaines après l'accident ; 3) groupe chronique (12 patients) traité plus de 8 semaines après l'accident ; 4) groupe contrôle dont le seul traitement consiste en une décompression de la moelle épinière lésée. L'évaluation neurologique (AIS, électrophysiologie, IRM), faite avant l'intervention et pendant un suivi postopératoire moyen de 10 mois, a mis en évidence des améliorations fonctionnelles significatives chez 30 p. cent des patients des groupes aigu et subaigu.

Chez des paraplégiques chroniques complets (Mendonça et al. 2014), une équipe brésilienne a constaté la faisabilité et la sûreté de la technique de transplantation de cellules souches de moelle osseuse et une amélioration fonctionnelle des patients. Une équipe chinoise a montré, chez des tétraplégiques chroniques complets, une amélioration sensori-motrice significative par rapport à un groupe contrôle non traité.

Chez des para-/tétraplégiques chroniques, une équipe égyptienne (El Kheir et al. 2014) a combiné une transplantation (T) de même type avec des exercices physiques (P). Deux groupes ont été constitués : 1) T+P ; 2) P seul. Mais une amélioration fonctionnelle significative n'a été obtenue que pour le premier groupe.

L'ensemble de tous ces résultats obtenus, soit par l'injection, soit par la transplantation de moelle osseuse, est plutôt encourageant. Même si l'amélioration fonctionnelle qui en résulte reste modeste, elle est bien réelle. Par ailleurs ces techniques ne conduisent à aucune dérive tumorale non plus qu'à une évolution pathologique de type syringomyélie, ce qui est loin d'être négligeable et autorise le passage à une nouvelle phase d'essais.

Il a été démontré que la moelle épinière humaine abrite des précurseurs neuraux susceptibles de donner naissance, en culture *in vitro*, à des neurones et à des cellules gliales (Bauchet et al. 2013). Dans ce contexte *a priori* favorable, une équipe française envisage, dans le cadre de l'ambitieux projet européen RESCUE (*Research Endeavor for Spinal Cord in United Europe*), la transplantation intramédullaire autologue de telles cellules souches.

En octobre 2010 a été annoncée une première médicale très médiatisée concernant, chez un blessé médullaire de lésion récente, la transplantation de cellules dérivées de cellules souches embryonnaires humaines au site lésionnel. Cette première étude, qui avait obtenu le feu vert de la très rigoureuse FDA (*Food and Drug Administration*) américaine, constituait le prélude à une étude clinique de phase I, actuellement en cours après quelques aléas, destinée à évaluer la sûreté et la tolérance des cellules greffées (Chapman et Scala 2012).

Les premiers résultats d'une étude clinique concernant la transplantation, chez des paraplégiques, de cellules souches neurales humaines (société californienne *Stem-Cells Inc.*) sont plutôt encourageants (Tsukamoto et al. 2013).

TRANSPLANTATION DE MACROPHAGES ACTIVÉS

Où en est le « dossier macrophages » ? Ces intrigantes cellules, résultant soit de la transformation de monocytes sanguins, soit de l'activation de microgliocytes du système nerveux central, n'ont pas fini de faire couler beaucoup d'encre ! Dans le cadre des atteintes traumatiques de la moelle épinière, la polémique est en effet très vive entre accusateurs et défenseurs de la « cause macrophagique ». Pour les premiers, ces cellules agissent en malfaiteurs, en favorisant l'extension de la lésion primaire en lésion dite secondaire ; pour les seconds, elles agissent au contraire en bienfaiteurs, en stimulant la repousse axonale et la remyélinisation. Malgré ces points de vue contradictoires et contre vents et marées, l'équipe israélienne dirigée par Michal Schwartz, fervent défenseur des macrophages, n'a cependant pas hésité à passer d'études fondamentales à des essais cliniques, dans le cadre d'un projet de la firme *Proneuron Biotechnologie*.

La première étape d'un tel projet passe nécessairement par une étude de phase I destinée à tester la tolérance, la sécurité et l'innocuité de transplantations de macrophages activés chez des paraplégiques complets (Knoller et al. 2005). Les monocytes sont isolés à partir du sang du patient et incubés *ex vivo* (c'est à dire en dehors de l'organisme) en présence de derme de ce même patient. Dans ces conditions, les monocytes se transforment en macrophages dits « activés ». Ils sont alors injectés juste en dessous de la lésion médullaire du patient, dans les deux semaines qui suivent l'accident. Huit patients de grade AIS A ont été traités de la sorte. Trois d'entre eux sont passés du grade A au grade C, deux du grade A au grade B. Par ailleurs la récupération du fonctionnement de la vessie a été totale chez un patient, partielle chez un second. Aucune dérive pathologique n'ayant été observée, les auteurs en concluent à la bonne tolérance et à la parfaite innocuité de telles transplantations.

A la suite de ces essais, une étude multicentrique de phase II a été entreprise à la fois aux Etats-Unis en en Israël mais le recrutement nécessaire a été suspendu pour des raisons à la fois techniques (double intervention chirurgicale, la première consistant en une stabilisation préalable de la moelle épinière) et financières (coût exorbitant du recrutement de chaque patient). D'où un retour à de nouvelles études précliniques dans le but de tester l'efficacité d'une injection de macrophages non plus au site lésionnel mais dans le liquide céphalo-rachidien ou directement dans le sang.

L'essai clinique multicentrique de phase II a été repris par la suite, dans les mêmes conditions expérimentales (injection de macrophages autologues à la limite caudale du site lésionnel dans les deux semaines suivant l'accident (Lammertse et al. 2012). Malheureusement sans mettre en évidence de différences entre le groupe traité par macrophages activés et un groupe contrôle recevant un traitement standard.

Thérapie moléculaire

La thérapie moléculaire s'applique actuellement à des projets visant à contrer l'action inhibitrice de certains constituants de la myéline centrale, notamment celle de la protéine Nogo-A, sur la croissance et l'élongation de l'axone. Dans ce but, des études précliniques ont été réalisées chez des primates non-humains. C'est ainsi que l'administration d'anticorps anti-Nogo-A à des ouistitis favorise la repousse de fibres nerveuses cortico-spinales après section unilatérale de la moelle épinière. Le même traitement, appliqué à des singes macaques après une hémisection de la moelle cervicale (Freund et al. 2009), permet une meilleure récupération de la dextérité de la main située du côté lésionnel que chez des animaux témoins. En outre, des tests comportementaux sophistiqués ont permis d'analyser l'opposition pouce-index au cours de la prise de nourriture. Ces résultats très encourageants ont autorisé le développement d'essais cliniques à grande échelle par la firme *Novartis Pharma*, à Bâle, en collaboration étroite avec le réseau européen et nord-américain des essais cliniques pour les traumatismes médullaires (*The European and North American Clinical Trial Networks for Spinal Cord Injury*). Une étude de phase I ayant été conduite avec succès (sécurité et innocuité du traitement administré à des paraplégiques AIS A à lésion médullaire thoracique) (Zöerner et Schwab 2010), un essai clinique multicentrique multinational de phase II est en cours.

D'autres études précliniques ont par ailleurs montré qu'un autre facteur, la molécule « Rho », qui se trouve sur la même voie de signalisation intracellulaire que le récepteur Nogo mais en aval, bloque la repousse axonale et favorise la mort cellulaire. Or une protéine inhibitrice de Rho, la « Céthrine » (BA-210), prévient la mort cellulaire, favorise la repousse axonale et améliore la récupération de la fonction locomotrice dans des modèles animaux de contusion ou de section médullaire. Son mode d'action paraît être de contrer les effets inhibiteurs des CSPG. Une transposition de cette encourageante expérimentation au niveau clinique a été d'ores et déjà réalisé sous la forme d'un essai pilote de phase I/IIa, sans placebo (Fehlings et al. 2011). Les premiers résultats, portant sur 48 patients présentant des lésions cervicales ou thoraciques complètes, ont montré une récupération neurologique significative c'est-à-dire supérieure à celle d'une récupération spontanée qui est de l'ordre de 10 à 20 p. cent. D'où la programmation d'essais cliniques à plus grande échelle, de phase I/IIb, contrôlés par placebo (firme *BioAxone Therapeutic*). Il est prévu de recruter des patients AIS A présentant une lésion thoracique qui subiront une intervention de décompression de la moelle épinière dans les 7 jours suivant l'accident.

Remyélinisation et amélioration de la conduction axonale

L'une des causes des déficits fonctionnels observés chez les paraplégiques est la démyélinisation non seulement des fibres nerveuses endommagées par le choc traumatique mais également de beaucoup d'autres fibres nerveuses non directement touchées, situées à proximité du site lésionnel. Cette démyélinisation est due à la mort, par apoptose (mort cellulaire programmée), des oligodendrocytes qui élaborent la gaine myélinique des axones. Or, rappelez-vous Marc, la rapidité, et en conséquence l'efficacité, des messages nerveux se propageant dans les axones est directement liée à la présence de cette gaine. Des axones simplement démyélinisés peuvent survivre à ce processus dégénératif, et certains d'entre eux peuvent même être remyélinisés, mais cette remyélinisation spontanée est fonctionnellement insuffisante. Les approches thérapeutiques ont par conséquent pour objectifs soit de stimuler la remyélinisation, notamment en transplantant des cellules myélinoformatrices, soit d'améliorer la conduction axonale par un traitement pharmacologique adéquat.

Remyélinisation

Plusieurs stratégies, éventuellement complémentaires, viennent logiquement à l'esprit : stimulation de la migration et/ou de la prolifération d'oligodendrocytes endogènes, c'est-à-dire naturellement présents dans la moelle épinière, transplantation d'oligodendrocytes ou de cellules de Schwann exogènes, transplantation de cellules souches précurseurs d'oligodendrocytes. Nous avons vu précédemment que la transplantation de moelle osseuse était corrélée à une amélioration sensorimotrice modeste mais significative. Cette récupération fonctionnelle pourrait être, à tout le moins en partie, liée à la différenciation de certaines des cellules greffées en oligodendrocytes myélinoformateurs. Nous avons vu par ailleurs que la transplantation de cellules de Schwann, non seulement stimulait la repousse de nombreux axones dans la moelle épinière lésée, mais assurait de plus leur complète myélinisation. Certaines de ces stratégies de remyélinisation pourraient également profiter à la recherche de solutions thérapeutiques pour la sclérose en plaques qui, comme on le sait, est une maladie auto-immune démyélinisante. Inversement, les nombreuses études tant précliniques que cliniques actuellement consacrées à cette maladie constituent d'ores et déjà une précieuse source d'informations pour les recherches sur les lésions médullaires.

Amélioration de la conduction axonale

Il est en fait possible d'améliorer la conduction de l'influx nerveux dans les fibres nerveuses démyélinisées en bloquant les canaux potassium par une molécule telle que la 4-aminopyridine (4-AP) ou *fampridine*. Dans ce contexte l'équipe texane de A.R. Blight a réalisé, pour la firme *Accorda Therapeutics*, une série d'essais cliniques avec cette molécule. Des essais préliminaires ayant permis d'en vérifier l'innocuité et de déterminer le mode d'administration et les dosages les plus adéquats, un essai clinique de phase II a pu être mis en œuvre. Ils ont été publiés en 2007 (Cardenas et al. 2007). Cet essai en double aveugle, randomisé et contrôlé par placebo, a été réalisé avec le concours de 11 centres américains de rééducation chez 91 paraplégiques présentant une lésion médullaire incomplète. Ces patients ont été répartis au hasard en trois groupes : 1) groupe I recevant une dose biquotidienne de 25 mg de 4-AP ; 2) groupe II recevant une dose biquotidienne de 40 mg du produit ; 3) groupe III, recevant un placebo. L'évaluation neurologique, d'une durée de 8 semaines, a été faite en ayant recours à une impressionnante batterie de tests fonctionnels… et de questionnaires. C'est le groupe I qui a montré les meilleurs résultats avec une amélioration significative pour « l'impression globale du patient » (SGI *pour Subject Global Impression*) et pour la spasticité (contractures musculaires incontrôlées). Plus récemment l'activité du groupe semble s'être réorientée sur la pathologie de la sclérose en plaques.

Rétablissement de circuits fonctionnels par stimulation motrice

Dans l'attente de solutions thérapeutiques innovantes dont l'efficacité serait prouvée par des essais cliniques concluants, la « rééducation fonctionnelle » reste encore actuellement la principale thérapie mise en œuvre, avec la chirurgie de décompression, pour tenter de limiter le handicap des paraplégiques. Il s'agit d'une prise en charge médicale ou paramédicale qui se fixe pour objectif de traiter les déficits sensorimoteurs post-traumatiques de façon à permettre au paraplégique de retrouver une autonomie optimale dans la gestion du quotidien. Elle se fait dans le cadre des services de *Médecine Physique ou de Réadaptation* (MPR).

Dans ce domaine, les très importantes recherches, tant précliniques que cliniques, développées actuellement, visent à optimiser les bénéfices apportés par la seule rééducation. Les améliorations fonctionnelles d'ores et déjà constatées s'expliquent par une réactivation de la moelle épinière sous-lésionnelle qui lui permet de répondre à des stimulations sensorielles, transmises à son niveau, en générant des « patrons » (patterns) de coordination motrice. Cette stratégie, aussi séduisante que prometteuse, consiste en exercices des membres supérieurs, marche assistée sur tapis roulant avec allègement du poids du corps à l'aide d'un harnais, entraînement locomoteur en libre parcours par assistance manuelle ou robotisée et/ou s*timulation électrique fonctionnelle* (SEF). Cette thérapie pouvant être en outre complétée par un traitement pharmacologique. La SEF a déjà de nombreuses applications cliniques : contrôle des sphincters, amélioration des fonctions d'érection et d'éjaculation, gestion de la spasticité, rééducation motrice. Il est néanmoins essentiel de souligner que les essais cliniques réalisés dans ce contexte ne peuvent concerner, hélas, que des lésions médullaires incomplètes. Je vous livre à présent les résultats les plus importants de plusieurs essais cliniques réalisés récemment.

Une longue étude réalisée par l'équipe de la chercheuse américaine Edelle Field-Fote, qui n'est pas médecin mais néanmoins directrice du *Neuromotor Rehabilitation Research Laboratory,* dans le cadre du « Miami Project to Cure Paralysis » de l'Université de Miami (Field-Fote et Roach 2011), a porté sur 74 patients, présentant une lésion médullaire incomplète, qui ont été soumis à un entraînement moteur 5 fois par jour pendant 12 semaines. Ces paraplégiques, AIS C ou D, ont été répartis en 4 groupes correspondant à des modalités différentes d'activité motrice : 1) entraînement à la marche sur tapis roulant avec assistance manuelle ; 2) idem avec stimulation électrique ; 3) entraînement à la marche libre avec stimulation électrique ; 4) entraînement à la marche sur tapis roulant avec assistance robotique. Tous ces patients étant bien évidemment soutenus par des harnais. La vitesse de marche libre ou sur tapis roulant, sur 10 mètres, ainsi que la distance de marche réalisée en 2 minutes, ont été évaluées avant le test et au cours de celui-ci. En voici les principaux résultats. La locomotion (y compris les caractéristiques de la « démarche »), est améliorée pour tous les groupes, un peu supérieure pour les groupes 2 et 3 avec stimulation électrique ; la vitesse de marche s'accroît plus vite pour les patients qui ont une vitesse initiale lente. En clair l'exercice profite mieux aux patients qui, au départ, présentent le déficit moteur le plus important. Cependant, en dehors de l'environnement expérimental et du fauteuil roulant, les patients ne peuvent effectuer une locomotion réellement autonome. Par ailleurs, d'autres observations montrent que, associés à l'entraînement locomoteur, différents types de stimulations, électriques, magnétiques ou encore vibrations de l'ensemble du corps, sont susceptibles d'augmenter les effets bénéfiques de l'entraînement locomoteur de base.

D'autres résultats de ce groupe de recherche concernent la tétraplégie. Les chercheurs ont ainsi démontré une amélioration de la fonctionnalité de la main de tétraplégiques après stimulation magnétique trans-crânienne répétitive combinée à un exercice moteur répétitif (Gomes-Osman et Field-Fote 2015).

D'autres importantes études cliniques de stimulation motrice, publiées en 2007, ont été menées par l'équipe d'Hugues Barbeau, à Montréal (Dobkin et al. 2007). Entrant dans le cadre de l'important programme SCILT (*Spinal Cord Injury Locomotor Trial*), elles méritent d'être quelque peu détaillées.

Les protagonistes de cette étude ont comparé un entraînement à la marche sur tapis roulant avec support du corps (groupe BWSTT pour *Body Weight-Supported Treadmill Training*) avec un entraînement à la marche en libre parcours (groupe CONT pour contrôle). Quels patients pour cet essai ? Trente-huit AIS B et cent sept AIS C et D présentant des lésions médullaires incomplètes entre C5 et L3, traités moins de 8 semaines après l'accident. Tous ces patients, incapables de marcher sans assistance, sont soumis à 45 sessions d'entraînement locomoteur d'une heure chacune sur 12 semaines. L'évaluation de la récupération fonctionnelle (effectuée toutes les deux semaines) se fait en considérant les paramètres suivants : La FIM-L (de 1 à 7), le LEMS (de 0 à 50), la vitesse de marche sur 15 mètres en mètres par seconde, la distance en mètres parcourue en 6 minutes (voir fiche 11).

De façon résumée, les résultats sont les suivants : 1) pas de différences significatives entre les deux groupes, tant à l'admission que pendant et après le traitement. ; 2) très peu d'AIS B, mais en revanche la plupart des AIS C et D, récupèrent une locomotion fonctionnelle appréciable après 12 mois de rééducation ; 3) quand on l'observe, l'amélioration fonctionnelle des AIS B reste très modeste ; 4) le délai séparant l'accident du traitement est un facteur important, la récupération fonctionnelle étant d'autant plus satisfaisante que ce délai est plus court.

Très récemment, une équipe américaine, de l'université de Louisville (Kentucky) et de l'université de Californie à Los Angeles, a obtenu, chez des blessés médullaires, une récupération motrice appréciable après implantation d'électrodes stimulant leur moelle épinière sous-lésionnelle en continu (Angeli et al. 2014). Plus précisément une plaque comportant 16 électrodes est implantée contre la première vertèbre lombaire, à proximité des réseaux neuronaux lombo-sacrés qui commandent les mouvements des jambes. Cette plaque est reliée par un câble à une batterie rechargeable placée sous la peau de l'abdomen. En les stimulant électriquement, on réveille ces réseaux qui sont capables de programmer des mouvements volontaires des membres inférieurs. Mais comment, puisque les connexions anatomiques et fonctionnelles entre le cerveau et ces réseaux médullaires sous-lésionnels sont détruites ? En fait, chez la grande majorité des paraplégiques, il reste presque toujours dans leur moelle épinière sous-lésionnelle quelques fibres nerveuses, originaires du cerveau, qui ont été épargnées par le choc traumatique. Mais ces fibres préservées ne parviennent pas à transmettre les ordres volontaires aux neurones sous-lésionnels endormis. En revanche, lorsqu'ils sont stimulés électriquement, les réseaux nerveux sous-lésionnels sont de nouveau capables de traiter le signal, même faible, venant du cerveau et de le transmettre aux muscles des membres inférieurs, permettant ainsi leur mouvement. Des résultats comparables ont été obtenus par une équipe canadienne (Kapadia et al. 2014).

Pour terminer sur ce sujet, une étude américaine, *a priori* surprenante, a montré une amélioration des performances motrices (vitesse et distance de marche) chez des paraplégiques soumis à une hypoxie intermittente, exercices sur 5 jours consistant à retenir sa respiration pendant quelques dizaines de seconde ! (Hayes et al. 2014).

C'est en effet très surprenant. Comment peut-on expliquer ces résultats ?

Les chercheurs pensent que dans ce cas, et également dans les expériences précédentes, des circuits « dormants », normalement inopérants, seraient réactivés.

En conclusion générale, les stratégies de stimulation motrice, particulièrement lorsqu'elles sont combinées avec une stimulation électrique portée sur la moelle épinière, s'avèrent efficaces pour restaurer l'activité locomotrice. Cerise sur le gâteau : ces traitements améliorent l'état général du patient, en accroissant la performance cardiaque, en réduisant la spasticité, la perte osseuse, les dysfonctionnements des différents sphincters. Cependant, des exercices inappropriés ou mal contrôlés peuvent provoquer des effets néfastes tels que fractures ou lésions musculaires notamment.

Le fabuleux interface cerveau/machine ou la « bionique » au service du handicap

Commander des machines par la seule pensée paraît a priori relever de la science fiction la plus extravagante. Et c'est pourtant, aujourd'hui, en ce début de XXIe siècle, devenu une réalité. Nous sommes à l'ère de la « bionique », véritable coopération entre l'ordinateur et le cerveau. « L'interface cerveau-machine » (en anglais BCI pour *Brain Computer Interface*) permet à la pensée de contrôler directement un ordinateur tout en court-circuitant les muscles devenus inopérants, par suite d'une lésion de la moelle épinière notamment. Cette technologie nouvelle, et totalement révolutionnaire, ouvre des perspectives immenses dont nous n'appréhendons même pas encore toutes les applications possibles.

C'est absolument sidérant en effet, à peine croyable, mais pour moi et pour le moment en tout cas, cela reste quelque peu théorique et abstrait. Avez-vous d'ores et déjà des exemples précis et concrets d'application de cette technologie à des para- ou tétraplégiques ? Vous allez me parler des exosquelettes, je suppose.

Evidemment. Mais commençons par un peu d'historique, si vous voulez bien. En 2006, la publication, dans la très prestigieuse revue *Nature*, d'une véritable prouesse technique réalisée aux Etats-Unis par l'équipe de John Donoghue (*Brown university, Rhode Island*), puis la diffusion de cette information choc dans la presse populaire, a fait l'effet d'une véritable bombe médiatique (Hochberg et al. 2006). Le patient vedette, Matthew

Nagle, âgé de 25 ans, est devenu tétraplégique en 2001, conséquence d'une rixe à l'arme banche. Totalement paralysé par une section de la moelle épinière cervicale haute, ce jeune homme ne pouvait respirer qu'à l'aide d'une machine. En 2004, un dispositif électronique appelé « Brain Gate » (littéralement « porte du cerveau »), développé par la société « Cyberkinetics », a été implanté dans son cerveau, plus précisément dans la partie du cortex cérébral qui commande normalement les mouvements des bras. Ce dispositif de quelques millimètres contenait une centaine d'électrodes capables de capter l'activation électrique déclenchée dans les neurones sous-jacents sous l'effet de la seule pensée. Les courants électriques étaient ensuite transmis par de fins fils d'or à un plot câblé fixé sur le crâne du patient, puis, de là, à un ordinateur. Celui-ci traitait alors l'information ainsi recueillie de façon à pouvoir déplacer un curseur sur l'écran d'un moniteur. Il suffisait alors à Matthew d'imaginer un mouvement de son bras inerte pour déplacer, dans le même sens, le curseur sur l'écran. Il lui était ainsi possible, par exemple, de commander l'éclairage de la pièce ou le fonctionnement du téléviseur, ou mieux encore, les mouvements d'une main et d'un bras artificiels. Malheureusement les autres patients engagés dans la même expérimentation n'ont pu, pour diverses raisons, réaliser les mêmes performances. De nombreuses mises au point sont, à l'évidence, indispensables. Mais un résultat essentiel doit être souligné : plusieurs années après l'accident, les neurones moteurs du cerveau, bien que déconnectés de leurs cibles médullaires naturelles sous-lésionnelles, ont néanmoins conservé intactes toutes leurs potentialités.

Je n'arrive pourtant pas encore à comprendre comment la seule pensée peut ainsi commander un ordinateur !

Ce n'est pas facile, j'en conviens. Essayons, cependant. Vous êtes tout prêt à bouger votre bras pour vous saisir d'un objet, vous en avez la ferme intention…mais, au dernier moment, vous ne le faites pas. Vous sentez confusément qu'il se passe néanmoins quelque chose en vous qui est une activation du système moteur préalable à la réalisation de mouvements programmés volontairement. C'est cette volonté d'agir, cette activation qui précède le mouvement réel qui, dans le cas de Matthew, est captée et transmise à l'ordinateur.

Plus récemment, une série d'expérimentations réalisées dans ce même contexte par l'équipe de Andrew Schwartz (Université de Pittsburgh, Pennsylvanie), a permis à un macaque de contrôler par la seule volonté un bras robotisé, lui permettant ainsi d'ouvrir une porte, puis d'attraper et de déguster des friandises. Deux tétraplégiques, une femme de 52 ans (Jan Scheurmann) et un homme de 30 ans, ont pu, de la même façon, contrôler par la seule pensée un bras ou une main artificielle, leur permettant ainsi de saisir des objets. (Wang et al. 2013). Chez tous ces sujets une grille d'électrodes avait été implantée au niveau de leur cortex moteur.

J'ai vu cette femme à la télévision. Grâce à sa main artificielle robotisée, elle était capable de saisir un morceau de chocolat et de le porter à sa bouche !

Je l'ai vue également. Depuis les premières expérimentations de John Donoghue, des progrès considérables ont donc été réalisés. C'est ainsi qu'on assiste actuellement à la mise au point d'un nombre impressionnant de systèmes artificiels informatisés d'assistance à la marche, hautement sophistiqués, les fameux « exosquelettes » ou squelettes externes. Le 12 juin 2014 à Sao Paulo, Julian Pinto, un paraplégique brésilien de 29 ans équipé d'un exosquelette motorisé, se lève de son fauteuil roulant, fait quelques pas sur la pelouse du stade de l'Arena Corinthians et frappe du pied le ballon, donnant ainsi le coup d'envoi du Mondial de football. Cette prouesse technique a été rendue possible par le gigantesque travail préalable d'une équipe de 156 chercheurs du monde entier, dirigée par le médecin brésilien Miguel Nicolelis (Nicolelis et Servick 2014). L'exosquelette est contrôlé par la pensée grâce à un casque d'électrodes qui mesure l'activité des neurones et lui transmet l'information. L'équipement est stabilisé par des gyroscopes et alimenté par une batterie placée dans le dos du patient. Le paralytique parvient non seulement à marcher mais aussi à « sentir qu'il marche » grâce à des circuits électroniques localisés dans les pieds du squelette, circuits qui lui permettent de recevoir des messages sensitifs sur une peau artificielle installée sur son bras.

Les premiers exosquelettes datent en fait…de plusieurs centaines de millions d'années ! Des milliards d'individus en sont actuellement dotés : ce sont les crustacés notamment, mais aussi les insectes…et les mollusques ! Pensez aussi à l'incroyable armure des soldats du Moyen-âge !

Les exosquelettes humains, actuellement sur le marché ou en passe de l'être (fiche 12), ne concernent pas que les paraplégiques et autres handicapés, loin de là, mais aussi les ouvriers et les militaires dont les capacités physiques pourront être décuplées (à l'instar de ce que permettaient les bottes de sept lieues des contes de Perrault !) de sorte que le marché potentiel de ces robots est estimé à 1000 milliards d'euros ! Inconvénients majeurs pour le moment : les modèles actuellement mis au point sont lourds, peu maniables et d'un prix exorbitant (entre 70.000 et 100.000 dollars !).

Fiche 12 *Quelques-uns des modèles et projets d'exosquelettes actuellement proposés*

REWALK (Rewalk robotics, USA). Exosquelette proposé aux paraplégiques par un informaticien israélien lui-même handicapé. La société *Rewalk robotics*, reconnue par la FDA (*Food and Drug Administration*), la très puissante et très rigoureuse agence américaine du médicament, a mis au point un exosquelette entourant les jambes et le haut du corps et comportant des moteurs (munis de capteurs d'inclinaison et d'orientation) qui sont mis en place aux hanches, aux genoux et aux chevilles. Il permet de marcher, de tourner et de monter et descendre des escaliers à l'aide de cannes anglaises pour assurer le soutien et l'équilibre. Son prix : environ 85.000 dollars.

BRA-Santos Dumont Système développé par Miguel Nicolelis pour des paraplégiques dans le cadre du projet *WALK AGAIN* et promu lors du très médiatique coup d'envoi du Mondial du football en juin 2014 à Sao Paulo.

VANDERBILT (Vanderbilt University, USA). Exosquelette de jambes, conçu pour des paraplégiques, qui leur permet de se lever, de marcher, de s'asseoir, de monter et des descendre des escaliers. Des capteurs déterminent les intentions de mouvement du patient et transmettent les informations aux articulations des hanches et des genoux.

EKSO (Ekso Bionics, USA). Exosquelette permettant aux paraplégiques de se lever d'un fauteuil roulant et de marcher en ligne droite, avec des béquilles, à une vitesse de 3,2 km/h. Il fonctionne avec des capteurs de gestes et d'intention de mouvements pour « actionner » les jambes. Son prix, prohibitif, est estimé à 100.000 dollars !

HAL (Cyberdine, Japon). Cet exosquelette robotisé existe en deux versions, HAL 3 (jambes uniquement) et HAL 5 (jambes, bras et torse). Plusieurs centaines de ces exosquelettes sont actuellement en service dans des hôpitaux japonais.

REX (REX Bionics, Nouvelle Zélande). Exosquelette à commande manuelle (2 joysticks).

EMY (Rb3d/CEA, France). Exosquelette robotisé qui a l'ambition d'assister prochainement les tétraplégiques complets.

EXHAUSS Société française ayant mis au point une série d'exosquelettes de portage pour les ouvriers. Cette société a été lauréate du prix de l'innovation du salon « Preventica » Lyon 2013.
HERCULE (Rb3d/CEA, France). Exosquelette fonctionnant avec l'énergie électrique, sans capteurs. Il est destiné aux militaires, pompiers et personnel hospitalier.
HULC (Ekso Bionics, USA). Exosquelette conçu pour l'armée qui se commande mécaniquement. Il permet de porter des charges de 90kg à une vitesse de 16 km/h, avec une autonomie de 8 heures.

Conclusions sur la recherche clinique

Le bilan actuel des essais cliniques consacrés à la réparation de la moelle épinière humaine peut paraître *a priori* plutôt modeste, surtout si on le compare à celui de l'expérimentation animale dans le même domaine de recherche. Il est cependant loin d'être franchement négatif dans la mesure où il est porteur de réelles espérances, tant en termes de biologie pure qu'en référence aux tout nouveaux développements de la « bionique ».

La recherche biomédicale est longue et périlleuse mais la détermination des chercheurs est totale, leur compétence et leur déontologie irréprochables. Pour le cancer, le SIDA, les maladies génétiques, nul n'ignore que bien que des moyens financiers et humains considérables soient engagés et que des avancées déterminantes aient pu être enregistrées, des solutions thérapeutiques pleinement satisfaisantes n'existent pas encore. Pourtant, les problèmes que posent ces pathologies semblent *a priori*, je dis bien *a priori*, plus aisés à résoudre que la réparation anatomique et fonctionnelle d'une structure aussi complexe que la moelle épinière humaine. Celle du rat étant plus simple, il s'ensuit que l'expérimentation fondamentale, voire préclinique, qui est développée chez ce rongeur donne, pour le moment, des résultats supérieurs à ceux des essais cliniques homologues.

Jusqu'aux années 1950, pouvoir réparer la moelle épinière des paraplégiques était considéré comme une gageure, plusieurs principes érigés en véritables dogmes étant encore solidement ancrés dans les esprits : après la naissance, pas de production de nouveaux neurones, absence de repousse axonale dans le système nerveux central, rigidité des réseaux nerveux parvenus à maturité. Depuis, tous ces dogmes sont tombés l'un après l'autre. Une large expérimentation et de nombreuses observations ont clairement démontré que de nouveaux neurones pouvaient être produits tout au long de la vie, que la repousse d'axones lésés était possible lorsque leur environnement était modifié dans un sens plus favorable, plus « permissif » comme l'on dit souvent, que les réseaux neuronaux matures présentaient une plasticité insoupçonnée jusqu'alors. Et cela vaut autant pour le rat que pour l'homme.

En traumatologie médullaire, les grands espoirs de la recherche clinique sont actuellement inhérents à l'utilisation de cellules souches ou de cellules engainantes olfactives, à la mise en œuvre combinée de stimulation pharmacologique et/ou électrique et d'entraînement locomoteur, au développement des techniques relatives à l'interface cerveau-machine. Mais bien d'autres approches pourraient créer la surprise. Les essais cliniques actuels sont loin de couvrir l'ensemble des recherches fondamentales menées chez l'animal. Ils doivent être, et de fait sont, conduits avec d'infinies précautions, les soucis majeurs étant la totale sécurité des procédures engagées et une évaluation précise d'effets secondaires éventuellement délétères. Périodiquement, des réunions internationales de cliniciens redéfinissent les outils et les méthodes d'évaluation des patients et formulent des recommandations d'ordre à la fois méthodologique et éthique. A ce sujet, on peut regretter que certains pays, même considérés comme développés, n'observent pas pleinement les règles de cette déontologie médicale fondamentale qui est celle des états de droit.

La modestie des résultats observés peut être, à tout le moins en partie, attribuée au fait que, jusque-là, un seul paramètre était considéré à la fois. Depuis, dans une préoccupation légitime d'éthique et de plus grande efficacité vis-à-vis des patients, cette règle est d'ores et déjà enfreinte pour laisser la place à des stratégies manifestement plus bénéfiques de multi-thérapies. Les essais cliniques sont longs, coûteux, leur organisation très complexe. Certains essais peuvent être provisoirement suspendus pour un retour à des études précliniques chez l'animal, d'autres peuvent même être purement et simplement abandonnés.

10. La recherche et la prise en charge à long terme des paraplégiques

Il ne saurait être question pour moi, chercheur fondamentalement… fondamentaliste, de vous exposer, même sommairement, les multiples problèmes posés par la prise en charge à long terme des blessés médullaires dans ses aspects physiologiques, psychologiques, sexuels, affectifs, gestion du quotidien, socio-psychologiques et socio-professionnels. Pour une information pratique circonstanciée concernant cette prise en charge, je vous invite, Marc, à lire le remarquable ouvrage publié par *l'Association des Paralysés de France* (APF), « Para/Tétras, le guide pratique », Sandra Bigot, 2008.

Pour ma part, je voudrais seulement considérer ici l'éventuelle incidence des recherches récentes et actuelles sur le traitement des déficiences physiologiques majeures des paraplégiques : déficit sensori-moteur, douleur, spasticité, troubles vésico-sphinctériens, troubles respiratoires.

Déficit sensori-moteur

Les atteintes traumatiques sévères de la moelle épinière entraînent, vous le savez mieux que quiconque, Marc, une paralysie des muscles et une perte de la sensibilité en dessous du niveau lésionnel. Dans le cas d'une lésion médullaire complète (mais qui ne signifie pas nécessairement section totale de la moelle épinière, cas très exceptionnel), les chances d'une récupération fonctionnelle sous-lésionnelle appréciable restent faibles certes, mais pas totalement impossibles. Dans le cas de lésions incomplètes, en revanche, un certain degré de récupération spontanée peut être observé. En traumatologie médullaire, la quasi-totalité des recherches tant fondamentales que cliniques a pour objectif prioritaire la récupération de la marche. Chez le rat adulte, les résultats d'ores et déjà obtenus sont franchement encourageants. En revanche, les résultats des essais cliniques restent, il faut le dire, encore modestes.

La « rééducation fonctionnelle » est une prise en charge médicale ou paramédicale qui a pour objectif le traitement des déficits sensorimoteurs post-traumatiques. Elle se fait dans le cadre des services de *Médecine Physique ou de Réadaptation* (MPR). La finalité de cette rééducation est de permettre au paraplégique de retrouver une autonomie optimale dans la gestion du quotidien. En cas de lésion complète, la rééducation a pour objectif prioritaire d'éviter l'enraidissement articulaire et musculaire. En cas de lésion incomplète, la rééducation vise à stimuler et à ré-entraîner les muscles qui récupèrent. Dans une logique d'optimisation de cette rééducation, nous avons vu que plusieurs essais cliniques ont d'ores et déjà donné des résultats encourageants.

Parmi les différentes techniques de rééducation, la « verticalisation » permet de ré-entraîner le cœur et l'ensemble du système circulatoire à cette position et de prévenir l'enraidissement articulaire. Le *Gait Trainer* et le *Lokomat* (Lünenburger et al. 2004) sont deux dispositifs récents qui permettent de réaliser un entraînement locomoteur adapté au déficit du patient. Ces deux systèmes utilisent un tapis de marche robotisé avec soutien du poids du corps. Dans ces conditions, les afférences sensorielles sont fortement stimulées ce qui permet au patient d'effectuer une marche proche de la cinématique articulaire normale.

Douleur

D'après *International Association of Pain* (je ne traduis pas !), la douleur est *une expérience sensorielle et émotionnelle déplaisante associée à une atteinte tissulaire présente ou potentielle ou décrite dans les termes d'une telle atteinte*. Ces manifestations douloureuses sont fréquentes chez les paraplégiques ; elles peuvent avoir des répercussions notables sur leur qualité de vie. La douleur peut être qualifiée de *nociceptive*, c'est-à-dire constituant une réponse appropriée à des stimulations douloureuses, ou *neuropathique*, c'est-à-dire inappropriée.

Le traitement de la douleur est un problème difficile, la pharmacologie étant peu efficace. Des recherches récentes ont cependant démontré l'efficacité d'une molécule, la prégabaline (Cardenas et al. 2013), analgésique commercialisé sous le nom de Lyrica, sur les douleurs neuropathiques. Parmi les traitements innovants, qui sont cependant encore du domaine de la recherche clinique, il convient de mentionner les techniques de stimulation électrique transcutanée (Cruccu et al. 2007) et de stimulation magnétique ou électrique trans-crânienne. Par ailleurs, la kinésithérapie et différentes techniques psychothérapeutiques sont susceptibles d'apporter un soulagement appréciable aux manifestations douloureuses des paraplégiques.

Dans ce domaine, une voie prometteuse mais difficile de recherche se propose de chercher à comprendre l'origine de la douleur aux niveaux cellulaire et moléculaire (Marchand et al. 2009).

Spasticité

La spasticité est la conséquence d'un excès de tonus musculaire et de l'exagération du réflexe de contraction du muscle en réponse à son étirement (réflexe myotatique). Elle est perçue par le paraplégique comme une raideur, des crampes, des spasmes, des douleurs, des mouvements incontrôlables et des postures anormales. Normalement le cerveau contrôle le tonus musculaire et le réflexe myotatique. Lorsque celui-ci est déconnecté, comme c'est le cas dans les lésions de la moelle épinière, ces réponses sont exagérées et anarchiques. De façon paradoxale, cette spasticité peut être utile dans la mesure où elle permet de compenser en partie la perte de la force musculaire.

Le traitement éventuel de la spasticité suppose donc que celle-ci soit mal vécue par le patient. En pesant le pour et le contre, les principaux traitements auxquels on a recours sont : la rééducation motrice, qui diminue les contractions, la stimulation électrique fonctionnelle (SEF) à effet modérateur sur le tonus musculaire, l'administration systémique ou locale de médicaments, notamment de baclofène, la chirurgie, qui reste néanmoins l'exception, l'orthopédie. Lorsque la spasticité devient très préoccupante, le baclofène peut être administré à l'aide d'une pompe implantée sous la peau de l'abdomen et diffusant le produit au niveau de la moelle épinière à l'aide d'un cathéter.

Par ailleurs, les protagonistes d'une étude clinique nord-américaine n'ont pas observé de différences significatives entre un groupe traité par la fampridine-SR, supposée réduire la spasticité, et un groupe placebo.

Troubles vésico-sphinctériens

Je ne reviendrai pas sur le fonctionnement de la vessie que j'ai traité en recherche fondamentale. Je rappellerai seulement que la vessie étant remplie, la miction (action d'uriner) est déclenchée par la contraction du muscle lisse de la vessie, le détrusor, et par le relâchement des sphincters lisse et strié.

Les troubles vésico-sphinctériens des paraplégiques, liés à des lésions situées à différents niveaux de la voie nerveuse réflexe, constituent un problème majeur chez ces patients. La prévention de ces troubles est un enjeu de première importance malgré les progrès accomplis dans ce domaine : mortalité de 50 p. 100 dans les années 1950, de 10 p. 100 dans les années 1990. En fonction de la localisation de la lésion, on distingue différents troubles, notamment difficulté à uriner, rétention urinaire chronique ou au contraire incontinence. Dans tous les cas, la préoccupation majeure est de drainer la vessie, d'abord par la mise en place d'une sonde à demeure (maximum 2 à 3 jours), puis par sondage intermittent par la suite. Sur le long cours, il existe trois grandes options thérapeutiques : 1) inactivation du muscle détrusor par des moyens pharmacologiques ou chirurgicaux ; 2) chez le sujet mâle, ouverture du sphincter strié soit chirurgicalement soit par la mise en place d'une prothèse urétrale ; 3) mise en place d'un stimulateur de Brindley, agissant sur les racines nerveuses antérieures sacrées, et section des racines nerveuses postérieures sacrées pour éviter une contraction vésicale réflexe. Les mictions, électro-programmées dans 90 p. 100 des cas, sont déclenchées par un boitier externe sous-cutané. Cette stimulation des racines antérieures a aussi des effets bénéfiques sur la défécation (Brindley et al. 1986).

Troubles respiratoires des tétraplégiques

Rappelez-vous qu'une lésion sévère de la moelle épinière cervicale haute paralyse non seulement les muscles des quatre membres, mais aussi le diaphragme, muscle essentiel intervenant dans la respiration. Toute possibilité de respiration spontanée est alors abolie. La paralysie du diaphragme impose la mise en place d'un ventilateur artificiel nécessitant une trachéotomie. De façon infiniment plus confortable, il est possible de provoquer des contractions du diaphragme par stimulation des nerfs phréniques qui l'innervent normalement, ce qui suppose évidemment que ces nerfs ne soient pas lésés. Mais cette technique est lourde et onéreuse. Une nouvelle technique, la « stimulation diaphragmatique » (implantation du stimulateur par coelioscopie), plus simple et moins coûteuse, a été récemment développée aux Etats-Unis (Dalal et DiMarco 2014). Comparée à la ventilation mécanique, cette remarquable technique offre de nombreux avantages : moins de complications pulmonaires, amélioration du retour veineux, de la respiration, de l'élocution, facilitation de la prise de nourriture, meilleure mobilité du patient. En Europe, la première implantation de ce stimulateur a été réalisée avec succès en 2007, à l'hôpital de La Pitié-Salpêtrière.

11. Conclusions générales

Jusqu'au milieu du siècle dernier, disons les années 1950, la réponse des cliniciens aux légitimes interrogations des paraplégiques : « *Docteur, quand pourrai-je quitter mon fauteuil roulant, quand pourrai-je remarcher et mener une vie normale ?* » était : « *Désolé, vous devrez vivre avec votre handicap. Vos lésions sont, hélas, irréversibles. Dans l'état actuel de nos connaissances il n'existe aucune solution thérapeutique à votre paralysie* ». Ce point de vue était alors largement partagé par les cliniciens et même par les chercheurs. Depuis cette époque, en fait pas si lointaine, des avancées majeures ont pu voir le jour. En entrant le groupe de mots « spinal cord injury » sur internet, on trouve plus de 55.000 références bibliographiques depuis…1888 ! Actuellement, ce sont quelques milliers de chercheurs, hautement compétents et résolument déterminés, qui s'attellent à ce douloureux problème de santé publique. Avec des résultats très encourageants, de sorte que la réponse des cliniciens aux blessés de la moelle épinière est devenue beaucoup moins pessimiste : « *La route vers une thérapie efficace est encore probablement longue et difficile, mais nous sommes persuadés d'être sur la bonne voie dans la mesure où nous apercevons à présent le bout du chemin* ».

Depuis un bon demi-siècle, de nombreux dogmes sont tombés les uns après les autres de sorte qu'il est à présent bien établi qu'après la naissance, et pendant toute la vie, le système nerveux central conserve un degré de plasticité non négligeable : de nouveaux neurones peuvent être produits, la repousse des axones est rendue possible lorsqu'on leur offre un environnement plus favorable, les réseaux nerveux ne sont pas rigides. Malgré cette évolution des idées, certains points de vue assez manichéens ont perduré pendant plusieurs décennies. C'était principalement le cas de l'astrocyte réactif, très longtemps considéré comme l'ennemi public numéro 1, l'empêcheur majeur de la régénération nerveuse, avant que ne soit révélé le rôle primordial de certains composants de la myéline centrale. En fait, l'astrocyte n'est pas tout à fait le « mauvais sujet » qu'il faut à tout prix éliminer. Rappelons à cet égard son rôle essentiel tant au cours du développement du système nerveux central que dans le fonctionnement sophistiqué de ce système parvenu à maturité. Même dans le cas de la cicatrisation des lésions de la moelle épinière, son intervention présente des aspects bénéfiques évidents : action antioxydante, isolement du site lésionnel du tissu nerveux resté sain, reconstitution de la barrière hémato-encéphalique, entrave à la formation de connexions nerveuses inappropriées, fonctionnellement délétères. Des recherches récentes semblent bien démontrer que non seulement les astrocytes, mais aussi les macrophages et les oligodendrocytes, peuvent, selon les conditions d'observation ou d'expérimentation, révéler soit des actions bénéfiques, soit des actions franchement néfastes vis-à-vis de la réparation médullaire. Quoiqu'il en soit, il apparaît qu'une sérieuse réévaluation des mécanismes moléculaires et cellulaires qui sous-tendent les manifestations cliniques des lésions médullaires, est absolument nécessaire.

Les principales avancées des recherches fondamentales concernent la neuroprotection, la repousse axonale et la récupération de la motricité sous-lésionnelle, notamment celle de la locomotion. Ces trois objectifs ont été en partie atteints par des techniques de pharmacologie, de thérapie cellulaire ou moléculaire, de neutralisation des inhibiteurs astrocytaires et oligodendrocytaires, de stimulation électrique, d'entraînement locomoteur.

Transposées à la clinique, certaines de ces approches se sont soldées par des résultats dans l'ensemble assez modestes, mais loin d'être négligeables. La plupart des études fondamentales sont, rappelons-le, réalisées chez le rat. Chez cet animal, la vitesse de repousse axonale dans un milieu favorable, tel qu'un nerf périphérique, est de 1 millimètre par jour. Or, dans les mêmes conditions, cette vitesse est la même chez tous les mammifères, l'homme y compris. On comprend dès lors que, dans la moelle épinière humaine lésée, les axones susceptibles de régénérer doivent effectuer des trajets beaucoup plus longs et, partant, beaucoup plus périlleux que dans la moelle épinière d'un petit rongeur. L'expérimentation sur des modèles animaux plus proches de l'homme est par conséquent incontournable. Dans ce sens, des résultats très encourageants ont déjà été obtenus chez des singes, qualifiés pudiquement de « primates non-humains » ! Cependant le porc apparaît aujourd'hui comme un modèle animal particulièrement favorable, de plus en plus prisé : taille et caractères tissulaires assez proches de ceux de l'homme, élevage facile.

Les recherches actuelles privilégient le recours aux cellules souches et aux cellules engainantes olfactives, la mise en œuvre de multi-thérapies associant notamment la pharmacologie, la stimulation électrique et l'entraînement locomoteur. Sans parler des perspectives très prometteuses qu'offre le développement de technologies révolutionnaires issues de l'étude de l'interface cerveau-ordinateur et de celui, qui lui est intimement lié, des exosquelettes.

Pour le grand public, la récupération de la motricité, et plus particulièrement celle de la marche, chez les paraplégiques, apparaît comme la priorité des priorités. C'est aussi l'objectif majeur des chercheurs de ce domaine d'investigation. Curieusement le point de vue des blessés médullaires diffère quelque peu. Des études américaines, publiées en 2004, ont en effet montré qu'en termes de restauration fonctionnelle, la priorité absolue pour les tétraplégiques est la récupération de l'usage des mains et des bras. Pour les paraplégiques, en revanche, ce qui prime est le retour à une vie sexuelle normale. L'amélioration des fonctions de la vessie et des différents sphincters vient ensuite pour l'ensemble des patients.

Actuellement, la durée de vie des paraplégiques avoisine celle de la population générale, notamment grâce à l'optimisation de leur prise en charge médicale et à leur indéfectible volonté de vivre le plus normalement possible. Ce qui est effectivement le cas de beaucoup de ces patients qui se sont en quelque sorte « adaptés » à leur handicap, retrouvent un assez grand degré d'autonomie, conduisent leur voiture à commandes modifiées en conséquence, ont parfois des responsabilités professionnelles de haut niveau qui ne les distinguent en rien de leurs collègues valides. La situation des tétraplégiques demeure, il est vrai, plus dramatique mais il y a beaucoup à espérer pour eux de la « bionique », en plein développement.

Quoiqu'il en soit, le but ultime des recherches fondamentales et cliniques est à l'évidence de permettre à tous les blessés médullaires de quitter un jour leur fauteuil roulant, tout en recouvrant l'ensemble des fonctions perdues, et de réussir pleinement leur réinsertion sociale. Les para-/tétraplégiques doivent faire toute confiance aux chercheurs qui, ils ne doivent pas en douter, sont cette fois sur la bonne voie.

Epilogue

La petite salle de réunion du laboratoire dirigé par le professeur Laurent Doutremont avait, en cette belle journée de printemps, un air de fête. Les dossiers, habituellement accumulés sur les tables, avaient laissé la place, sur une nappe immaculée, à mille petits fours salés et sucrés artistement disposés sur des plateaux de métal argenté. Sans oublier les jolis verres de cristal qui n'attendaient plus que le champagne, momentanément maintenu au frais.

On l'avait deviné, le héros de la petite cérémonie ainsi organisée par toute l'équipe de recherche n'était autre que Marc, le jeune paraplégique qui, pendant plusieurs semaines, avait écouté très attentivement les explications et commentaires de l'enseignant-chercheur Patrick à propos des études menées dans le monde entier sur les possibilités thérapeutiques de son handicap. Non sans lui opposer quelques fort pertinentes remarques et légitimes interrogations.

On sait qu'il est de tradition, dans ce genre de réunion, de commencer par quelques petites interventions orales préliminaires…que les auditeurs souhaitent évidemment courtes ! Laurent Doutremont prit tout d'abord la parole.

Mon cher Marc, nous avons été sincèrement ravis de vous accueillir dans notre laboratoire afin de tenter de vous convaincre de la pertinence des études qui ont objectif de proposer des solutions thérapeutiques destinées à pallier votre handicap. Nous avons tous apprécié, outre le grand intérêt que vous portez à notre activité de recherche, votre gentillesse naturelle, votre sens de l'humour…et votre remarquable ponctualité. Aujourd'hui c'est l'heure du bilan. Qu'avez-vous retenu des entretiens avec Patrick, des contacts avec les autres membres de ce laboratoire ? Que pensez-vous de l'état des recherches concernant votre handicap personnel et de celui de tous les para/tétraplégiques ? A l'évidence nous attendons des réponses sincères, directes, sans langue de bois.

Je vous promets d'être direct, professeur. Tout d'abord un très grand merci à vous-même pour votre accueil si chaleureux, et bien sûr à Patrick, qui a fait preuve d'un grand sens pédagogique et de beaucoup de patience envers un auditeur dont la culture dans le domaine de la neurobiologie laissait beaucoup à désirer. Sans oublier la gentillesse et la disponibilité de tous vos autres collaborateurs.

J'ai découvert un monde que je ne connaissais absolument pas, celui de la recherche fondamentale et clinique. J'ai été très impressionné par l'ampleur des investigations menées dans le monde entier sur les traumatismes de la moelle épinière, par les dizaines de milliers de publications sur ce sujet, par les centaines d'essais cliniques menés à terme, en cours ou en projet, par les indéniables qualités intellectuelles et morales de la grande majorité des chercheurs qui les mettent en œuvre. Mais je serais tenté de dire : tout ça pour ça ! Malgré toutes ces remarquables recherches je reste, quant à moi, toujours cloué dans ce fauteuil. Et à l'évidence, je ne suis pas le seul. Que dire également des scoops médiatiques qui retombent aussitôt comme des soufflés mal préparés et qui ne sont ni à la gloire des journalistes qui les mettent en scène ni à celle des chercheurs qui en sont demandeurs.

Vous avez en effet été très direct, Marc, et nous vous en remercions. En ce qui concerne le second point, je dirais que les chercheurs sont des hommes comme les autres, avec leurs qualités et leurs défauts. Faisons donc preuve d'indulgence. Le premier point mérite une réponse plus approfondie, en adéquation avec le constat que vous faites.

Depuis plus d'un siècle, la recherche biomédicale n'a cessé de progresser et a conduit à des résultats d'une extrême importance en termes de santé publique. Pensez notamment à la vaccination, aux antibiotiques, à la découverte des groupes sanguins, aux progrès spectaculaires de la chirurgie. Il reste vrai que pour les grandes pathologies telles que le cancer ou le SIDA, pour ne donner que ces exemples, vous savez pertinemment que des solutions thérapeutiques radicales et définitives ne sont pas encore trouvées. Et cela bien que des moyens humains et financiers considérables, sans commune mesure avec ceux alloués à la recherche en traumatologie médullaire, soient mis à la disposition des chercheurs de ces domaines depuis des décennies.

Vous avez à présent pleinement réalisé à quel point le système nerveux central de l'homme était extraordinairement complexe, tant anatomiquement que fonctionnellement. La recherche de solutions thérapeutiques acceptables pour une bonne restructuration fonctionnelle de la moelle épinière blessée ne peut par conséquent pas être simple. Cependant des progrès considérables ont été réalisés dans ce domaine, surtout au cours des dernières décennies. On connait à présent beaucoup mieux la structure et le fonctionnement des réseaux neuronaux de la moelle épinière, sa réelle plasticité, les cellules souches qu'elle abrite, les mécanismes cellulaires et moléculaires qui sont déclenchés à l'occasion d'atteintes à son intégrité. Des thérapies se profilent à l'horizon. Il faut par conséquent faire totalement confiance aux chercheurs. Ils sont déterminés, Rien ne les arrêtera. Ils trouveront un jour prochain la solution. Dans un délai qui, malheureusement, ne peut être encore précisé.

En misant sur l'avenir, nous levons tous nos verres à votre santé, en vous souhaitant la réalisation de vos projets les plus chers. Vous pouvez nous rendre visite aussi souvent que vous le souhaiterez. Vous serez toujours le bienvenu.

Glossaire

Acétylcholine
C'est le premier neurotransmetteur à avoir été caractérisé comme tel par Otto Loewi en 1921. Libérée dans la fente synaptique, elle se fixe sur des récepteurs post-synaptiques, ce qui permet la transmission du message nerveux.

Atrophie musculaire spinale progressive (AMS)
Affection due à une dégénérescence des motoneurones de la corne antérieure de la moelle épinière et déterminant une atrophie des muscles qu'ils innervent normalement.

Axone
L'axone est le prolongement cytoplasmique principal du neurone dont il représente la structure émettrice et conductrice de l'influx nerveux. L'axone du motoneurone peut dépasser le mètre.

Barrière hémato-encéphalique (BHE)
Cette barrière, interposée entre le tissu nerveux et le milieu sanguin, contrôle étroitement les échanges ioniques et moléculaires entre ces deux milieux, ce qui permet de maintenir constante la composition du milieu extracellulaire des centres nerveux.

Bulbe rachidien
En tant que composante du tronc cérébral, cette structure est interposée entre l'encéphale et la moelle épinière et renferme différents centres régulateurs contrôlant notamment la respiration, le rythme cardiaque, la pression artérielle, la salivation, la toux.

***Central Pattern Generators* (CPG)**

Réseaux neuronaux localisés dans la moelle épinière et capables de programmer une activité rythmique telle que la nage ou la marche. Dans certaines conditions ces réseaux peuvent fonctionner de façon autonome c'est-à-dire hors du contrôle de structures supra-médullaires et/ou de stimuli périphériques.

Cervelet

Partie de l'encéphale située au dessus du bulbe rachidien et recouverte, chez l'homme, par les hémisphères cérébraux. C'est le centre de régulation et de coordination de l'activité motrice et de la régulation du tonus musculaire.

Conduction saltatoire

La conduction dite « saltatoire » est caractéristique des fibres nerveuses myélinisées. C'est une conduction en sauts de puce, d'un nœud de Ranvier au suivant. Les nœuds de Ranvier sont des zones particulières où la fibre nerveuse est dépourvue de myéline. Cette disposition permet une conduction nerveuse particulièrement rapide et efficace.

Cytosquelette

Le cytosquelette, ou squelette cytoplasmique, est constitué par un réseau de différents types de microfilaments et de microtubules protéiques. Il donne à la cellule sa forme et sa capacité de mouvement directionnel. Ce réseau est particulièrement sophistiqué dans l'axone où il assure un transport bidirectionnel très efficace de molécules et d'organites.

Dendrites

Les dendrites sont des prolongements neuronaux généralement courts et ramifiés. Elles constituent la structure principale de réception des messages nerveux issus de neurones situés en amont.

Encéphale

L'encéphale est constitué par l'ensemble des structures nerveuses logées dans la boîte crânienne. Il comprend notamment les hémisphères cérébraux, le thalamus, l'hypothalamus, le tronc cérébral, le cervelet. Au sens strict du terme, le cerveau ne comprend, lui, que les hémisphères cérébraux et les structures qui les unissent et non pas l'ensemble de l'encéphale.

Facteurs neurotrophiques
Les facteurs neurotrophiques, très divers, sont des molécules essentielles à la survie des neurones au cours de leur développement et au maintien de leur différenciation dans l'organisme mature.

Ganglions de la base
Formations nerveuses localisées à la base du cerveau et intervenant dans le contrôle de la motricité, volontaire notamment.

Ganglion rachidien
Partie renflée de la racine dorsale des nerfs périphériques renfermant les corps cellulaires des neurones sensitifs primaires.

Hémisphères cérébraux (cerveau au sens strict)
Structures volumineuses de l'encéphale antérieur, comportant quatre lobes divisés en circonvolutions, et présidant aux fonctions nerveuses sensorielles, motrices et cognitives les plus sophistiquées.

Hormone
Substance sécrétée par une glande endocrine directement dans le système circulatoire et agissant sélectivement sur un ou plusieurs organes ou groupes de cellules.
Les hormones assurent la régulation du fonctionnement de l'organisme en synergie avec le système nerveux.

Hypothalamus
Formation de la base du cerveau contrôlant le système nerveux végétatif et une partie du système hormonal.

Imagerie par résonance magnétique (IRM)
L'IRM est une technique d'imagerie médicale utilisant les propriétés de résonance magnétique nucléaire des composants du corps humain. Le sujet est placé dans un électro-aimant cylin-

drique produisant un champ magnétique puissant. Cet examen permet de reconstruire par ordinateur des images en coupe de l'organisme. Il est indolore et sans risques ni effets secondaires connus. L'IRM est particulièrement indiquée dans l'examen du système nerveux, notamment de la moelle épinière, en donnant des images plus précises que celles du scanner.

Influx nerveux
L'influx nerveux (ou potentiel d'action nerveux) est la manifestation électrique de l'activité nerveuse. Il correspond à une dépolarisation brève et transitoire de la membrane plasmique du neurone, qui se propage sans atténuation le long de l'axone, du segment initial aux terminaisons, à une vitesse qui peut atteindre 100 mètres par seconde dans les fibres nerveuses myélinisées.

Matrice extracellulaire (MEC)
Réseau structurel et fonctionnel complexe de protéines et de polysaccharides, notamment glycosaminoglycanes, fibronectine, laminine, ténascine, N-CAM, collagène, sécrété par les cellules. La MEC des astrocytes réactifs est caractérisée par une surexpression de chondroïtine sulfate protéoglycanes (CSPG) fortement inhibiteurs de la croissance axonale. En revanche, la fibronectine, la laminine, la ténascine et la N-CAM favorisent cette croissance.

Méninges
Les méninges entourent et protègent l'ensemble du système nerveux central, encéphale et moelle épinière. On distingue trois feuillets cellulaires : dure-mère, au contact de l'os, pie-mère, épousant scrupuleusement le tissu nerveux, et entre les deux l'arachnoïde, de structure lâche, où circule le liquide céphalo-rachidien.

Milieu « permissif »
Milieu cellulaire et moléculaire favorisant la repousse et l'élongation des axones endommagés. Le nerf périphérique constitue un milieu permissif, contrairement au tissu nerveux central lésé des mammifères adultes.

Mitose
Processus complexe et très précis de division cellulaire donnant naissance à deux cellules filles semblables entre elles et semblables à la cellule mère (2n chromosomes). Le mécanisme en jeu implique une duplication conforme du matériel génétique (ADN), puis sa répartition rigoureusement égale dans les deux cellules filles.

Myéline
La myéline est constituée par un enroulement très serré de membrane plasmique, autour de l'axone, par une cellule gliale spécialisée (cellule de Schwann dans les nerfs périphériques, oligodendrocyte dans les centres nerveux). La gaine de myéline isole les différents axones entre eux et assure une conduction nerveuse dite « saltatoire » particulièrement efficace et rapide.

Neurotransmetteurs
Les neurotransmetteurs sont de petites molécules assurant la transmission chimique des messages nerveux au niveau des synapses. Leur structure et leur mode d'action sont très variés. Certains sont excitateurs, en favorisant la transmission du message (acétylcholine, glutamate par exemple), d'autres sont inhibiteurs, en bloquant cette transmission (glycine, GABA ou acide gamma-aminobutyrique par exemple).

Plasticité
La plasticité cérébrale est la capacité d'adaptation structurale et fonctionnelle du système nerveux central aux modifications du milieu interne et/ou du milieu externe. La plasticité des centres nerveux se réduit considérablement à l'issue du développement mais elle peut réapparaître localement et transitoirement au site d'une lésion. Chez l'adulte la plasticité des centres nerveux est certes réduite mais elle varie notablement d'une région à l'autre.

Poliomyélite
Maladie virale détruisant les motoneurones, provoquant *ipso facto* une paralysie des muscles correspondants. Cette maladie a

pratiquement disparu en occident grâce à la pratique systématique de la vaccination.

Ramon y Cajal
Santiago Ramon y Cajal (1852-1934), prix Nobel de Physiologie/Médecine en 1906 avec Camillo Golgi, est un éminent neurobiologiste espagnol qui a jeté les bases modernes de l'histologie fine du tissu nerveux. Il a notamment montré, avant la confirmation par la microscopie électronique, que les neurones étaient des entités structurellement indépendantes.

Raphé
Région du tronc cérébral abritant les corps cellulaires de neurones à sérotonine, dits sérotoninergiques, impliqués notamment dans le contrôle de la locomotion.

Régénération
La régénération biologique, lorsqu'elle est complète, est la restitution à l'identique des parties manquantes d'une cellule (axone par exemple), d'un membre (chez la salamandre par exemple), d'un organe ou d'un tissu (foie de l'homme par exemple), après amputation traumatique, pathologique ou expérimentale. Chez les vertébrés, les capacités régénératives diminuent des poissons aux mammifères et de l'embryon à l'état adulte.

Sclérose en plaques
Maladie démyélinisante auto-immune du système nerveux central, apparaissant sous forme de plaques de sclérose démyélinisées et évoluant par poussées suivies de régressions plus ou moins importantes et durables.

Sclérose latérale amyotrophique (maladie de Charcot) Affection du système nerveux central touchant des neurones moteurs localisés tant dans le cortex cérébral que dans la moelle épinière. Il en résulte différents types de paralysie. La maladie, qui commence généralement après 20 ans, évolue sur plusieurs années en s'aggravant progressivement avec une issue qui risque d'être fatale lorsque les muscles respiratoires sont atteints.

Sensibilité épicritique
La sensibilité épicritique (dite aussi « discriminatoire ») est celle du sens tactile fin. La densité des récepteurs sensoriels qui en sont responsables est particulièrement grande à l'extrémité des doigts.

Sérotonine
La sérotonine est sécrétée par des neurones dits sérotoninergiques dont les corps cellulaires sont majoritairement localisés dans le raphé du tronc cérébral (voir ces entrées). Les axones de ces neurones innervent différentes régions de l'encéphale ainsi que la moelle épinière. Ces neurones sont notamment impliqués dans le contrôle de la locomotion, de la douleur et de différentes fonctions viscérales.

Spasticité
La spasticité résulte d'un excès de tonus musculaire et de l'exagération du réflexe de contraction d'un muscle en réponse à son étirement (réflexe dit myotatique). Elle est ressentie par le malade comme des contractions musculaires incontrôlées et souvent douloureuses de certains muscles.

Synapse
Zone de contact entre deux neurones, entre un neurone moteur et une cellule effectrice (cellule musculaire ou cellule glandulaire), entre une cellule sensorielle et un neurone sensitif. C'est dans cette zone que s'effectue la transmission des messages nerveux. On distingue les synapses chimiques (faisant intervenir un neurotransmetteur) de très loin les plus nombreuses, et les synapses électriques, beaucoup plus rares.

Syringomyélie
Cette affection est caractérisée par le développement, à l'intérieur de la moelle épinière, de cavités remplies de liquide céphalo-rachidien, résultat d'une entrave à la circulation de ce liquide. Elle est le plus souvent due à une malformation congé-

nitale mais on peut également l'observer à la suite d'une atteinte traumatique de la moelle épinière (syringomyélie post-traumatique).

Système autonome
Système constitué de centres nerveux et de fibres nerveuses contrôlant les fonctions de nutrition et de maintien des constantes physiologiques (homéostasie) de l'organisme, notamment la température et la composition chimique du milieu intérieur. On distingue un système sympathique (ou orthosympathique) et un système parasympathique, représentant une dualité à la fois anatomique et fonctionnelle. C'est ainsi, par exemple, que le sympathique accélère le cœur tandis que le parasympathique a un effet cardio-modérateur.

Thalamus
Noyaux gris centraux de l'encéphale constituant des relais sur les voies de la sensibilité consciente et des centres de réflexes émotionnels.

Transdifférenciation
D'une façon générale, c'est la transformation d'une cellule déjà différenciée en un autre type cellulaire. Dans le cas particulier des transplantations, c'est la reprogrammation de cellules greffées conformément à la propre différenciation des cellules locales avec lesquelles elles se trouvent en contact, avec ou sans fusion cellulaire.

Transgène
Fragment d'ADN transféré d'une cellule à une autre, d'un organisme à un autre.

Tronc cérébral
Structure nerveuse intercalée entre les hémisphères cérébraux et la moelle épinière et comprenant le bulbe rachidien, la protubérance annulaire, les pédoncules cérébraux et les tubercules quadrijumeaux. Il comprend des voies de passage et des centres contrôlant différentes fonctions vitales.

Voies extrapyramidales

La voie cortico-spinale, dite pyramidale, bien qu'essentielle chez l'homme, n'est pas la seule voie nerveuse intervenant dans la motricité volontaire. Il existe en effet une autre voie, la voie cortico-rubro-spinale qui fait relais dans le noyau rouge. Cette voie nerveuse est essentielle chez de nombreux vertébrés inférieurs. Elle régresse chez les vertébrés supérieurs, chez l'homme en particulier. D'autres voies descendantes, non impliquées directement dans la motricité volontaire, interviennent dans la réalisation d'ajustements posturaux d'accompagnement.

Bibliographie

Ouvrages généraux et revues en langue française

ASSOCIATION DES PARALYSÉS DE FRANCE. Para/Tétras, le guide pratique. *Sandra Bigot*, 2008, 171 pages.

BAUCHET L, LONJON N, PERRIN FE et al. Stratégies de réparation de la moelle épinière lésée : références et informations. *Annales de Réadaptation et de Médecine Physique*, 2009, *52* : 330-351.

DESSIBOURG O. Stimuler la moelle épinière pour vaincre la paraplégie. *La Recherche*, février 2015, p. 44-47.

GRAND CORPS MALADE (Fabien Marsaud). Patients. *Points, Don Quichotte éditions*, 2014, 168 pages.

HORVAT JC. Paraplégie, espoirs et réalités de la recherche fondamentale et clinique. *Lavoisier, Médecine Sciences publications*, 2010, 183 pages.

KAHN A, PAPILLON F. Le secret de la salamandre : la médecine en quête d'immortalité. *NiL éditions*, 2005, 368 pages.

PRIVAT A, PERRIN F. Vers la reconstruction de la moelle épinière. *Pour la Science*, septembre 2015, p. 38-46.

RICHARD D, ORSAL D. Neurophysiologie. *Nathan Université*, 1994, tome 1 : Physiologie cellulaire et systèmes sensoriels, 224 pages ; tome 2 : Motricité et grandes fonctions du système nerveux central, 256 pages.

SEGAL P. L'homme qui marchait dans sa tête. *Paris, France Loisirs*, 1978, 259 pages.

SEGAL P. Vivre, tout simplement. *Paris, Flammarion*, 2005, 267 pages.

Travaux originaux en langue anglaise

AGUAYO AJ. Axonal regeneration from injured neurons in the adult mammalian central nervous system. *In: CW Cotman. Synaptic plasticity. New York, The Guilford Press*, 1985: 457-505.

ALLUIN O, DELIVET-MONGRAIN H, GAUTHIER MK et al. Examination of the combined effects of chondroitinase ABC, growth factors and locomotor training following compressive spinal cord injury on neuroanatomical plasticity and kinematics. *PLoS One*, 2014, *9* : e111072.

AMEMORI T, ROMANIUK N, JENDELOVA P et al. Human conditionally immortalized neural stem cells improve locomotor function after spinal cord injury in the rat. *Stem Cell Res Ther*, 2013, *4*: 68.

ANGELI CA, EDGERTON VR, GERASIMENKO YP, HARKEMA SJ. Altering spinal cord excitability enables voluntary movements after chronic complete paralysis in humans. *Brain*, 2014, *137*: 1394-1409.

ANTRI M, BARTHE JY, MOUFFLE C, ORSAL D. Long-lasting recovery of locomotor function in chronic spinal rat following combined pharmalogical stimulation of serotonergic receptors with 8-OHDPAT and quipazine. *Neuros Lett*, 2005, *384:* 162-167.

BANDLOW CE, ZACHLEDER T, SCHWAB ME. Oligodendrocytes arrest neurite growth by contact inhibition. *Neurosci*, 1990, *10*: 3837-3848.

BARRIÈRE G, LEBLOND H, PROVENCHER J, ROSSIGNOL S. Prominent role of the spinal central pattern generator in the recovery of locomotion after partial spinal cord injuries. *Neurosci*, 2008, *28*: 3976-3987.

BARRITT AW, DAVIES M, MARCHAND F et al. Chondroitinase ABC promotes sprouting of intact and injured spinal systems after spinal cord injury. *J Neurosci,* 2006, *26*: 10856-10867.

BARTUS K, JAMES ND, DIDANGELOS A et al. Large-scale chondroitin sulfate proteoglycan digestion with chondroitinase gene therapy leads to reduced pathology and modulates macrophage phenotype following spinal cord contusion injury. *J Neurosci*, 2014, *34*: 4822-4836.

BAUCHET L, LONJON N, VACHIERY-LAHAYE F et al. Isolation and culture of precursor cells from the human spinal cord. *Methods Mol Biol*, 2013, *1059*: 87-93.

BOMSTEIN Y, MARDER JB, VITNER K et al. Features of skin-coincubated macrophages that promote recovery from spinal cord injury. *J Neuroimmunol*, 2003, *142*: 10-16.

BRACKEN MB, SHEPARD MJ, HOLFORD TR et al. Administration of methylprednisolone for 24 or 48 hours or tirilazad mesylate for 48 hours in the treatment of acute spinal cord injury. Results of the Third National Acute Spinal Cord Injury Randomized Controlled trial. *JAMA*, 1997, *77*: 1597-1604.
BREGMAN BS, COUMANS JV, DAI HN et al. Transplants and neurotrophic factors increase regeneration and recovery of function after spinal cord injury. *Prog Brain Res*, 2002, *137*: 257-273.
BRINDLEY GS, POLKEY CE, RUSHTON DN, CARDOZO L. Sacral anterior root stimulation for bladder control in paraplegia: the first 50 cases. *J Neurol Neurosurg Psychiatry*, 1986, *49*: 1104-1114.
BUCHLI AD, SCHWAB ME. Inhibition of Nogo: a key strategy to increase regeneration, plasticity and functional recovery of the lesioned central nervous system. *Ann Med*, 2005, *37*: 556-567.
BUNGE MB. Novel combination strategies to repair the injured mammalian spinal cord. *J Spinal Cord Med*, 2008, *31*: 262-269.
CARDENAS DD, DITUNNO J, GRAZIANI V et al. Phase II trial of sustained-release fampridine in chronic spinal cord injury. *Spinal Cord*, 2007, *45*: 158-168.
CARDENAS DD, NIESHOFF EC, SUDA et al K. A randomized trial of pregabalin in patients with neuropathic pain due to spinal cord injury. *Neurology*, 2013, *80*: 533-539.
CARONI P, SCHWAB ME. Antibody against myelin-associated inhibitor of neurite growth neutralizes nonpermissive substrate properties of CNS white matter. *Neuron*, 1988a, *1*: 85-96.
CASHA S, ZYGUN D, McGOVAN MD et al. Results of a phase II placebo-controlled randomized trial of monocycline in acute spinal cord injury. *Brain*, 2012, *135*: 1224-1236.
CHAPMAN AR, SCALA CC. Evaluating the first-in-human clinical trial of a human embryonic stem cell-based therapy. *Kennedy Inst Ethics J*, 2012, *22*: 243-261.
CHAU C, BARBEAU H, ROSSIGNOL S. Early locomotor training with clonidine in spinal cats. *J Neurophysiol*, 1998, *79*: 392-409.
CHEHREHASA F, COBCROFT M, YOUNG YW et al. An acute growth factor treatment that preserves function after spinal cord contusion injury. *J Neurotrauma*, 2014, *31*: 1807-1813.
CHEN A, XU XM, KLEITMAN N, BUNGE MB. Methylprednisolone administration improves axonal regeneration into Schwann cell grafts in transected adult rat thoracic spinal cord. *Exp Neurol*, 1996, *138*: 261-276S

CHEN L, HUANG H, XI H et al. A prospective randomized double-blind clinical trial using a combination of olfactory ensheathing cells and Schwann cells for the treatment of chronic complete spinal cord injuries. *Cell Transplant*, 2014, *23*: S35-S44.
CHEN MS, HUBER AB, VAN DER HAAR ME et al. Nogo-A is a myelin-associated neurite outgrowth inhibitor and an antigen for monoclonal antibody IN-1. *Nature*, 2000, *403*: 434-439.
CHENG H, KAO Y, OLSON L. Spinal cord repair in adult paraplegic rats: partial restoration of hind limb function. *Science*, 1996, *273*: 510-513.
CHUA SJ, BIELECKI R, YAMANAKA N et al. The effect of umbilical cord blood cells on outcomes after experimental traumatic spinal cord injury. *Spine*, 2010, *35*: 1520-1526.
COUMANS JV, LIN TT, DAI HN et al. Axonal regeneration and functional recovery after complete spinal cord transection in rats with delayed treatment with transplants and neurotrophines. *J Neurosci*, 2001, *21*: 9334-9344.
COURTINE G, GERASIMENKO Y, VAN DEN BRAND R et al. Transformation of nonfunctional spinal circuits into functional states after the loss of brain input. *Nat Neurosci*, 2009, *12*: 1333-1342.
CRUCCU G, AZIZ TZ, GARCIA-LARREA L et al. EFNS guidelines on neurostimulation therapy for neuropathic pain. *Eur J Neurol*, 2007, *14*: 952-970.
DALAL K, DiMARCO AF. Diaphragmatic pacing in spinal cord injury. *Phys Med Rehabil Clin N Am*, 2014, *25*: 619-629.
DENG WP, YANG CC, TANG LY et al. Extracellular matrix-regulated neural differentiation of human multipotent marrow progenitor cells enhances functional recovery after spinal cord injury. *Spine J*, 2014, *14*: 2488-2499.
DIDITZE M, GREEN BA, DIETRICH WD et al. Systemic hypothermia in acute cervical spinal cord injury: a case-controlled study. *Spinal cord*, 2013, *51*: 395-400.
DOBKIN B, BARBEAU H, DEFORGE D et al. Spinal Cord Injury Locomotor Trial Group. The evolution of walking-related outcomes over the first 12 weeks of rehabilitation for incomplete traumatic spinal cord injury: the multicenter randomized spinal cord injury locomotor trial. *Neurorehabil Neural Repair*, 2007, *21*: 25-35.
DOBKIN BH, CURT A, GUEST J. Cellular transplants in China: observational study from the largest human experiment in chronic spinal cord injury. *Neurorehabilit Neural Repair*, 2006, *20*: 5-13.
DROMARD C, GUILLON H, RIGAU V et al. Adult human spinal cord harbors neural precursors that generate neurons and glial cells in vitro. *J Neurosc Res*, 2008, *86*: 1916-1926.

EIDELBERG E, STRAEHLAY D, ERSPAMER R, WATJINS CJ. Relationship between residual hindlimb-assisted locomotion and surviving axons after incomplete spinal cord injuries. *Exp Neurol*, 1977, *56*: 312-322.

EL-KHEIR WA, GABR H, AWAD MR et al. Autologous bone marrow-derived cell therapy combined with physical therapy induces physical improvement in chronic spinal cord injury patients. *Cell Transplant*, 2014, *23*: 729-745.

EL MAAROUF A, PETRIDIS AK, RUTISHAUSER U. Use of polysialic acid in repair of the central nervous system. *Proc Natl Acad Sci USA*, 2006, *103*: 16989-16994.

EVANS MJ, KAUFMAN MH. Establishment in culture of pluripotential cells from mouse embryos. *Nature*, 1981, *292*: 154-156.

FEHLINGS MG, THEODORE N, HARROP J et al. A phase I/IIa clinical trial of a recombinant Rho protein antagonist in acute spinal cord injury. *J Neurotrauma*, 2011, *28*: 787-796.

FIELD-FOTE EC, ROACH KE. Influence of a locomotor training approach on walking speed and distance in people with chronic spinal cord injury: a randomized clinical trial. *Phys Ther*, 2011, *91*: 48-60.

FREUND P, SCHMIDLIN E, WANNIER T et al. Anti-Nogo-A antibody treatment promotes recovery of manual dexterity after unilateral lesion in adult primates: re-examination and extension of behavioral data. *Eur J Neurosci*, 2009, *29*: 983-996.

GAUTHIER P, RÉGA P, LAMMARI-BARREAULT N, POLENTES J. Functional reconnections established by central respiratory neurons regenerating axons into a nerve bridge graft bridging the respiratory centers to the cervical spinal cord. *J Neurosci Res*, 2002, *70*: 65-81.

GHOSH M, TUESTA LM, PUENTES R et al. Extensive cell migration, axon regeneration, and improved function with polysialic acid-modified Schwann cells after spinal cord injury. *Glia*, 2012, *60*: 979-992.

GOMES-OSMAN J, FIELD-FOTE EC. Improvements in hand function in adults with chronic tetraplegia following a multiday 10-Hz repetitive transcranial magnetic stimulation intervention combined with repetitive task practice. *J Neurol Phys Ther*, 2015, *39*: 23-30.

GROSSMAN RG, FEHLINGS MG, FRANKOWSKY RF et al. A prospective, multicenter, phase I matched-comparison group trial of safety, pharmacokinetics, and preliminary efficacy of riluzole in patients with traumatic spinal cord injury. *J Neurotrauma*, 2014, *31*: 239-255.

HAYES HB, JAYARAMAN A, HERRMANN M et al. Daily intermittent hypoxia enhances walking after chronic spinal cord injury: a randomized trial. *Neurology*, 2014, *82*: 104-113.

HEJCL A, SEDY J, KAPCALOVA M et al. HPMA-RGD hydrogels seeded with mesenchymal stem cells improve functional outcome in chronic spinal cord injury. *Stem Cells Dev*, 2010, *19*: 1535-1546.
HOCHBERG LR, SERRUYA MD, FRIEHS JM et al. Neuronal ensemble control of prosthetic devices by a human tetraplegia. *Nature*, 2006, *442*: 164-171.
HORNER PJ, POWER AE, KEMPERMANN G et al. Proliferation and differentiation of progenitors cells throughout the intact adult rat spinal cord. *J Neurosci*, 2000, *20*: 2218-2228.
HORVAT JC, BAILLET-DERBIN C, YE JH et al. Co-transplantation of embryonic neural tissue and autologous peripheral nerve segments to severe spinal cord injury of the adult rat. Guided axogenesis from transplanted neurons. *Restor Neurol Neurosci*, 1991, *2*: 289-298.
HORVAT JC, PÉCOT-DECHAVASSINE M, MIRA JC, DAVARPANAH Y. Formation of functional endplates by spinal axons regenerating through a peripheral nerve graft. A study in the adult rat. *Brain Res Bull*, 1989, *22*: 103-114.
HUANG H, CHEN L, WANG H et al. Influence of patients'age on functional recovery after transplantation of olfactory ensheathing cells into injured spinal cord injury. *Chinese Med J (Engl)*, 2003, *116*: 1488-1491.
HUANG H, CHEN L, WANG H et al. Safety of fetal olfactory ensheathing cells transplantation in patients with chronic spinal cord injury. A 38-month follow-up with MRI. *Zhongguo Xiu Fu Chong Jian Wai Ke Za Zhi*, 2006, *20*: 439-443.
ICCP panel. Guidelines for the conduct of clinical trials for spinal cord injury as developed by the ICCP panel. *Spinal Cord*, 2007, *45*: 190-242.
IWASHITA Y, KAWAGUCHI S, MURATA M. Restoration of function by replacement of spinal cord segments in the rat. *Nature*, 1994, *367*: 167-170.
KANNO H, PEARSE DD, OZAWA H et al. Schwann cell transplantation for spinal cord injury repair: its significant therapeutic potential and prospectus. *Rev Neurosci*, 2015, *26*: 121-128.
KANNO H, PRESSMAN Y, MOODY A et al. Combination of engineered Schwann cell grafts to secrete neurotrophin and chondroitinase promotes axonal regeneration and locomotion after spinal cord injury. *J Neurosci*, 2014, *34*: 1838-1855.
KAPADIA, MASANI K, CATHARINE CRAVEN B. A randomized trial of functional electrical stimulation for walking in incomplete spinal cord injury: effects on walking competency. *J Spinal Cord Med*, 2014, *37*: 511-524.

KARIMI-ABDOLREZAEE S, SCHUT D, WANG J, FEHLINGS MG. Chondroitinase and growth factors enhance activation and oligodendrocyte differentiation of endogenous neural precursor cells after spinal cord injury. *PLos One*, 2012, *7*: e37589.

KIGERL KA, GENSEL JC, ANKENY DP et al. Identification of two distinct macrophage subsets with divergent effects causing either neurotoxicity or regeneration in the injured mouse spinal cord. *J Neurosciences*, 2009, *29*: 13435-13444.

KNOLLER N, AUERBACH G, FULGA V et al. Clinical experience using incubated autologous macrophages as a treatment for complete spinal cord injury: phase I study results. *J Neurosurg Spine*, 2005, *3*: 173-181.

LAMMERTSE DP, JONES LA, CHARLIFUE SB et al. Autologous incubated macrophage therapy in acute, complete spinal cord injury: results of the phase 2 randomized controlled multicenter trial. *Spinal Cord*, 2012, *50*: 661-671.

LEVI AD, DANCAUSSE H, LI X et al. Peripheral nerve grafts promoting central nervous system regeneration after spinal cord injury in the primate. *J Neurosurgery*, 2002, *96*: 197-205.

LI Y, DECHERCHI P, RAISMAN G. Transplantation of olfactory ensheathing cells into spinal cord lesions restores breathing and climbing. *Neurosci*, 2003, *23*: 727-731.

LI Y, FIELD PM, RAISMAN G. Repair of adult rat corticospinal tract by transplants of olfactory ensheathing cells. *Science*, 1997, *277*: 2000-2002.

LIMA C, ESCADA P, PRATAS-VITAL J et al. Olfactory mucosal autografts and rehabilitation for chronic traumatic spinal cord injury. *Neurorehabil Neural Repair*, 2010, *24*: 10-22.

LIMA C, PRATAS-VITAL J, ESCADA P et al. Olfactory mucosa autografts in human spinal cord injury : a pilot clinical study. *J Spinal Cord Med*, 2006, *29*: 191-203.

LÜNENBURGER L, COLOMBO G, RIENER R, DIETZ V. Biofeedback in gait training with the robotic orthosis Lokomat. *Conf Proc IEEE Eng Med Biol Soc*, 2004, *7*: 4888-4891.

MACKAY-SIM A, FERON F, COCHRANE J et al. Autologous olfactory ensheathing cell transplantation in human paraplegia: a 3-year clinical trial. *Brain*, 2008, *131*: 2376-2386.

MANNOJI C, KODA M, KAMIYA K et al. Transplantation of human bone marrow stromal cell-derived neuroregenerative cells promotes functional recovery after spinal cord injury in mice. *Acta Neurobiol Exp*, 2014, *74*: 479-488.

MARCHAND F, JONES N, MACMAHON SB. Future treatment strategies for neuropathic pain. *Handb Exp Pharmacol*, 2009, *194*:589-615.
MAYEUR A, DUCLOS C, HONOTE A et al. Potential of olfactory ensheathing cells from different sources for spinal cord repair. *PLoS One*, 2013, *8*: e62860.
McBRIDE JM, SMITH DT, BYRN SR et al. 4-aminopyridine derivatives enhance impulse conduction in guinea-pig spinal cord following traumatic injury. *Neuroscience*, 2007, *148*: 44-52.
MENDONÇA MV, LAROCCA TF, DE FREITAS SOUZA BS et al. Safety and neurological assessments after autologous transplantation of bone marrow mesenchymal cells in subjects with chronic spinal cord injury. *Stem Cell Res Ther*, 2014, *5*: 126-
MENET V, PRIETO M, PRIVAT A et al. Axonal plasticity and functional recovery after spinal cord injury in mice deficient in both glial fibrillary acidic protein and vimentin genes. *Proc Natl Acad Sci*, 2003, *100*: 8999-9004.
MENEZES K, NASCIMENTO MA, GONCALVES JP et al. Human mesenchymal cells from adipose tissue deposit laminin and promote regeneration of injured spinal cord in rats. *PLoS One*, 2014, *9*: e96020
MITSUI T, SHUMSKY JS, LEPORE AC et al. Transplantation of neuronal and glial restricted precursors into contused spinal cord improves bladder and motor functions, decreases thermal hypersensitivity, and modifies intraspinal circuitry. *J Neurosci*, 2005, *25*: 9624-9636
NICOLELIS M, SERVICK K. Interview. Kickoff looms for demo of brain-controlled machine. *Science*, 2014, *344*: 1069-70.
ORSAL D, BARTHE JY, ANTRI M et al. Locomotor recovery in chronic spinal rat : long term pharmacological treatment or transplantation of embryonic neurons ? *Prog Brain Res*, 2002, *137*: 213-230.
PAUL C, SAMDANI AF, BETZ RR et al. Grafting of human bone marrow stromal cells into spinal cord injury : a comparison of delivery methods. *Spine*, 2009, *34*: 328-334.
PLEMEL JR, KEOUGH MB, DUNCAN GJ et al. Remyelination after spinal cord injury: is it a target for repair ? *Prog Neurobiol*, 2014, *117*: 54-72.
QUERTAINMONT R, CANTINIEAUX D, BOTMAN O et al. Mesenchymal stem cell graft improves recovery after spinal cord injury in adult rats through neurotrophic and pro-angiogenic actions. *PLoS One*, 2012, *7*: e39500.
SAUNDERS NR, KITCHENER P, KNOTT GW et al. Development of walking, swimming and neuronal connections after complete spinal cord transaction in the neonatal opossum Monodelphis domestica. *J Neurosci*, 1998, *18*: 339-355.

SAVIO T, SCHWAB ME. Lesioned corticospinal tract axons regenerate in myelin-free rat spinal cord. *Proc Natl Acad Sci USA*, 1990, *87*: 4130-41-33.

SCHNELL L, SCHWAB ME. Axonal regeneration in the rat spinal cord produced by an antibody against myelin-associated neurite growth inhibitors. *Nature*, 1990, *343*: 269-272.

SCHWAB ME, THOENEN H. Dissociated neurons regenerate into sciatic but not optic nerve explants irrespective of neurotrophic factors. *J Neurosci*, 1985, *5*: 2415-2423.

SILVER J, SCHWAB ME, POPOVICH PG. Central nervous system regenerative failure: role of oligodendrocytes, astrocytes and microglia. *Cold Spring Harb Perspect Biol*, 2014, *7*: a020602.

SOFRONIEW MV, VINTERS HV. Astrocytes: biology and pathology. *Acta Neuropathol*, 2010, *119*: 7-35.

SPARLING JS, BRETZNER F, BIERNASKIE J et al. Schwann cells generated from neonatal skin-derived precursors or neonatal peripheral nerve improve functional recovery after acute transplantation into the partially injured cervical spinal cord of the rat. *J Neurosci*, 2015, *35*: 6714-6730.

STAMEGNA JC, FELIX MS, ROUX-PEYRONNET J et al. Nasal OEC transplantation promotes respiratory recovery in a subchronic rat model of cervical spinal cord contusion. *Exp Neurol*, 2011, *229*: 120-131.

STOICA BA, FADEN AI. Cell death mechanisms and modulation in traumatic brain injury. *Neurotherapeutics*, 2010, *7*: 3-12.

SYKOVA E, HOMOLA A, MAZANEC R et al. Autologous bone marrow transplantation in patients with subacute and chronic spinal cord injury. *Cell Transplant*, 2006, *15*: 675-687.

TABAKOW P, RAISMAN G, FORTUNA W et al. Functional regeneration of supraspinal connections in a patient with transected spinal cord following transplantation of bulbar olfactory ensheathing cells with peripheral nerve bridging. *Cell Transplant*, 2014, *23*: 1631-1655.

TADIÉ M, LIU S, ROBERT R et al. Partial return of motor function in paralyzed legs after surgical bypass of the lesion site by nerve autografts three years after spinal cord injury. *J Neurotrauma*, 2002, *19*: 909-916.

TELLO F. La influencia del neurotropismo en la regeneracion de los centros nerviosos. *Trab Lab Invest Biol* (Madrid), 1911, *9* : 123-159.

THOMSON JA, ITSKOVITS-ELDOR J, SHAPIRO SS et al. Embryonic stem cell lines derived from human blastocysts. *Science*, 1998, *282*: 1145-1147.

TSUKAMOTO A, UCHIDA N, CAPELA A et al. Clinical translation of human neural stem cells. *Stem Cell Res Ther*, 2013, *4*: 102.

VAN DEN BRAND R, HEUTSCHI J, BARRAUD Q et al. Restoring voluntary control of locomotion after paralyzing spinal cord injury. *Science*, 2012, *336*: 1182-1185.
WANG W, COLLINGER JL, DEGENHART AD et al. An electrocorticographic brain interface in an individual with tetraplegia. *PLoS One*, 2013, *8*: e55344.
WENGER N, MORAUD EM, RASPOPOVIC S et al. Close-loop neuromodulation of spinal sensorimotor circuits controls refined locomotion after complete spinal cord injury. *Sci Transl Med*, 2014, *6*: 133
WILLIAMS RR, HENAO M, PEATSE DD, BUNGE MB. Permissive Schwann graft/spinal cord interfaces for axon regeneration. *Cell Tranplant*, 2015, *24*: 115-131.
WILSON JR, FEHLINGS MG. Riluzole for acute spinal cord injury: a promising neuroprotective treatment strategy. *World Neurosurg*, 2014, *81*: 825-829.
XU XM, GUÉNARD V, KLEITMAN N, BUNGE MB. Axonal regeneration into Schwann cell-seeded guidance channels grafted into the transected adult rat spinal cord. *J Comp Neurol*, 1995, *35*: 145-160.
YAKOVLEFF A, ROBY-BRAMI A, GUEZARD B et al. Locomotion in rats transplanted with noradrenergic neurons. *Brain Res Bull*, 1989, *22*: 115-121.
YAMANE J, NAKAMURA M, IWANAMI et al. Transplantation of galectin-1 expressing human neural stem cells into the injured spinal cord of adult common marmosets. *J Neurosci Res*, 2010, *88*: 1394-1405.
YANG CC, SHIH YH, KO MH et al. Transplantation of human umbilical stem cells from Wharton's jelly after complete transection of the spinal cord. *PloS One*, 2008, *3*: e3336.
YOON SH, SHIM YS, PARK YH et al. Complete spinal cord injury treatment using autologous bone marrow transplantation and bone marrow stimulation with granulocyte macrophage-colony stimulating factor: phase I/II clinical trial. *Stem Cells,* 2007, *25*: 2066-2073.
ZÖERNER B, SCHWAB ME. Anti-Nogo on the go: from animal models to a clinical trial. *Ann NY Acad Sci*, 2010, *1198*: E22-E34.

Principales associations, fondations et institutions de recherche et/ou d'aide aux paraplégiques, et leurs sites Internet

(d'après Bauchet et al. 2009)

France et francophonie

AFIGAP : Association Francophone Internationale des Groupes d'Animation de la Paraplégie (ifr-handicap.inserm.fr/partrech.html)
ALARME : Association Libre d'Aide à la Recherche sur la Moelle Epinière (alarme.asso.fr)
APF : Association des Paralysés de France (apf.asso.fr)
Association « Combattre la Paralysie » (combattrelaparalysie.com)
Association « Demain Debout » (demaindebout.com)
Association « VERTICALE » (assoverticale.com)
Fondation pour la recherche sur la moelle épinière (Canada) (moelle-epiniere.com)
ICM : Institut du Cerveau et de la Moelle épinière (icm-institute.com)
IRME : Institut pour la Recherche sur la Moelle Epinière et l'encéphale (irme.org/fr/index.php)

Europe

Groupe Suisse pour Paraplégiques (GSP) (paraplegie.ch/fr/pub/sps)
Spinal Research (GB) (spinal-research.org)
Wings for life (Autriche) (wingsforlife.com)

Amérique du Nord

Christopher and Dana Reeve Foundation (Etats-Unis) (christopherreeve.org)
Miami Project to Cure Paralysis (Etats-Unis) (themiamiproject.org)
Paralysed Veterans of America (Etats-Unis) (pva.org/site/PageServer)
Rick Hansen Foundation (Canada) (rickhansen.com)
Site essais cliniques internationaux (clinicaltrials.gov)

Autres pays

Spinal Cure Australia (Australie) (spinalcure.org.au)
Japan Spinal Cord Foundation (Japon) (jscf.org/english/index.html)
Neil Sachse Foundation (Australie) (nsf.org.au)

Internationaux

European and North American Clinical Trial Networks for Spinal Cord Injury ICCP : International Campaign for Cures of spinal cord injury Paralysis (campaignforcure.org)
IRP : Fondation Internationale pour la Recherche en Paraplégie (Suisse) (irp.ch)
ISCoS : International Spinal Cord Society (GB) (iscos.org.uk/contacts.php)

Remerciements

Je tiens à exprimer ma profonde gratitude à l'IRME (Institut pour la recherche sur la moelle épinière et l'encéphale), d'une part pour sa participation financière aux recherches de mon équipe de l'université Paris Descartes entre 1989 et 1995, d'autre part pour son soutien permanent à mon activité d'écriture dans le domaine des atteintes traumatiques de la moelle épinière.

L'IRME, association régie par la loi de 1901, a été créé par Jean Delourme en 1984 dans le but de soutenir financièrement la recherche fondamentale d'équipes françaises dans le domaine des traumatismes de la moelle épinière et de l'encéphale. Les principales actions de cet institut sont donc : de susciter et d'organiser des programmes de recherche fondamentale et clinique ; de soutenir financièrement leur réalisation ; de coordonner les travaux de ces équipes et de faciliter la communication entre chercheurs, cliniciens et patients.

Le fonctionnement de l'institut est actuellement assuré par les professeurs Marc Tadié (présidence), Yves Christen (présidence du conseil scientifique), François Clarac et Geneviève Rougon (direction scientifique). L'IRME est parrainé par différentes personnalités, notamment Philippe Pozzo di Borgo, ainsi que par des sportifs de haut niveau tels Luc Alphand et William Servat. Philippe Pozzo di Borgo est Président d'honneur de l'IRME. Il est l'auteur du *Second Souffle* adapté à l'écran pour le film *Intouchables*.

Table

Santé et Médecine

aux éditions L'Harmattan

Dernières parutions

LES CRISES DE SANTÉ PUBLIQUE
Entre incompétence et compromissions
Furone Antonio
On regroupe, sous le même vocable de crise sanitaire, aussi bien de minables arrangements que d'affreuses tragédies avec deux constantes : incompétence et compromissions. Experts et médias agitent le spectre d'un désastre : la crise survient, avec ou sans malades. Les responsables politiques homologuent cette fable et achètent avec largesse le médicament miraculeux. Gouvernement et industriels nous présentent la note...
(Coll. Questions contemporaines, 16.00 euros, 162 p.)
ISBN : 978-2-343-05018-8, ISBN EBOOK : 978-2-336-36753-8

L'EUTHANASIE ADMISE EN SOINS PALLIATIFS
Défis humains pour les médecins
Nkulu Kabamba Olivier
Face aux euthanasies admises en Soins palliatifs, quels sont les défis humains auxquels est confronté le médecin qui accepte de les pratiquer ? L'auteur, spécialiste en éthique clinique, dévoile ces défis par l'intermédiaire de nombreux échanges épistolaires et verbaux qu'il a entretenus avec le docteur Karl, médecin belge qui accepte de pratiquer ces euthanasies dans le service des Soins palliatifs de l'hôpital où il travaille.
(13.00 euros, 124 p.)
ISBN : 978-2-343-04798-0, ISBN EBOOK : 978-2-336-36512-1

LA LOUCHE, LA BALANCE ET LA PIPE (CANCER : L'ABÉCÉDAIRE)
Vennin Philippe
Médecin, oncologue réputé, chercheur, généticien, philosophe, Philippe Vennin a déjà un cancer lorsqu'il se met à écrire cet Abécédaire. Cet ouvrage, facile de lecture, où le vocabulaire que nous utilisons au quotidien est le fil conducteur, reflète parfaitement les questionnements de l'auteur et sa réflexion basée sur la science et la philosophie.
(20.00 euros, 220 p.)
ISBN : 978-2-343-04617-4, ISBN EBOOK : 978-2-336-36573-2

LA FORCE VITALE AU CŒUR DES PRINCIPES DE LA CHIROPRAXIE
Une méthode dans l'histoire des idées et des sociétés
Jolliot Chantal - Préface de Pierre Erny
Les principes fondamentaux de la chiropraxie, méthode surtout connue pour le traitement du «mal de dos» grâce à des interventions manuelles, font référence aux

fonctions articulaires, neurologiques et à la notion de force vitale. Cette notion ancienne, aujourd'hui fréquemment dénommées «énergie», est en vogue. Elle participe aux manières de penser des sociétés contemporaines où elle contribue à une compréhension symbolique de la personne dans son environnement.
(10.50 euros, 74 p.)
ISBN : 978-2-343-04939-7, ISBN EBOOK : 978-2-336-36703-3

ANTHROPOLOGIE DU MÉDICAMENT AU SUD
La pharmaceuticalisation à ses marges
Sous la direction d'Alice Desclaux et Marc Ergot
Cet ouvrage examine de multiples situations de déploiement de la pharmaceuticalisation, dans plusieurs domaines : la valeur et le paiement, l'approvisionnement, l'usage thérapeutique et l'intervention médicale. Les analyses du recours à une diversité de médicaments en Afrique et en Asie du Sud-Est montrent les effets sociaux et les effets de sens de ces extensions à la marge et permettent de mieux comprendre les rapports entre médicalisation et pharmaceuticalisation.
(Coll. Anthropologies et Médecines, 29.00 euros, 282 p.)
ISBN : 978-2-343-05253-3, ISBN EBOOK : 978-2-336-36776-7

OCULARISTES ET YEUX ARTIFICIELS
De l'Antiquité au XXe siècle
Martin Jean-Pierre - Préface du Docteur Xavier Riaud
Depuis l'Antiquité, les hommes ont cherché à compenser le handicap esthétique qu'est la perte d'un œil, à l'aide de prothèses en matériaux divers. À la Renaissance la maîtrise du travail du verre, puis de l'émail a permis de fabriquer des yeux dont le réalisme était trompeur. Ainsi cet ouvrage retrace l'évolution des yeux artificiels, et celle des ocularistes, artisans spécialisés dans leur fabrication. Une liste présentant les principaux artisans français avant 1900 complète cette monographie.
(Coll. Médecine à travers les siècles, 12.50 euros, 112 p.)
ISBN : 978-2-343-05112-3, ISBN EBOOK : 978-2-336-36787-3

ACCOMPAGNEMENT (L') DU PATIENT HOSPITALISÉ DANS L'EXERCICE DE SA SEXUALITÉ
Pour que le patient «sexe prime»
Aurrens Arnaud
Cet ouvrage interroge le rôle de l'infirmier et son évolution face à un besoin fondamental des patients, qu'est la sexualité et dont l'intimité est fragilisée par une hospitalisation longue ou régulière. Au travers d'une enquête auprès de l'ensemble de la profession soigante et d'entretiens recueillis auprès de professionnels, il tente d'éclaircir le malaise de la profession infirmière sur la thématique sexuelle.
(14.00 euros, 136 p.)
ISBN : 978-2-343-04884-0, ISBN EBOOK : 978-2-336-36463-6

NOUVELLES (LES) FIGURES DU PATIENT
Pour une autre philosophie
Tanti-Hardouin Nicolas - Préface de Jean-Robert Harlé
De la figure emblématique de l'*homo medicus* chère aux économistes de la santé, aux malades en fin de vie en soins palliatifs, en passant par les malades mentaux,

la figure du patient s'est nettement transformée sous les aspirations de multiples secteurs du monde biomédical, de la santé publique et de la société elle-même. Les mutations sociales impactent fortement les mondes du soin, le regard et les représentations qu'on a du patient et la pratique clinique elle-même.
(Coll. Éthique et pratique médicales, 18.00 euros, 184 p.)
ISBN : 978-2-343-04760-7, ISBN EBOOK : 978-2-336-36427-8

STATIQUE (LA) ET SES SECRETS À L'USAGE DES OSTÉOPATHES
Bertora René
Cet ouvrage offre un regard unique et original sur la statique vertébrale et permet d'effectuer un diagnostic vrai sur tous ses déséquilibres (hernies discales, gonalgies chroniques, lumbagos, ...) Il s'agit d'une méthode exclusive qui parle de points fixes, de points mobiles, de bras de leviers; d'autant de principes mécaniques qui existent sur terre dont le corps humain est le représentant. La compréhension des principes énoncés peut servir de référence à toute thérapeutique axée sur l'harmonie et l'équilibre du corps. (Nombreux schémas et illustrations en couleur.)
(20.00 euros, 168 p., Quadrichromie)
ISBN : 978-2-343-04735-5, ISBN EBOOK : 978-2-336-36300-4

« AGATHE EST DANS LES FLEURS »
Accompagner et soutenir les parents et leurs familles dans le deuil périnatal
Lavroff-Teissiere Erika
À travers une perspective d'espoir et de réelle solidarité, ce livre nous convie à partager avec respect et dignité l'intimité du deuil de parents, ainsi que l'accompagnement humain de professionnels de santé, autour de la mort d'un enfant. Plus qu'un manuel de psychologie, cet ouvrage cherche à rendre hommage à ces enfants décédés et à leurs parents, ainsi qu'à faire reconnaître aux familles et à la société la réalité de cette douleur si profonde de la perte d'un enfant.
(19.00 euros, 196 p.)
ISBN : 978-2-343-04253-4, ISBN EBOOK : 978-2-336-36355-4

TÊTE (LA) EN DÉSORDRE
L'exposition prénatale à l'alcool
Dartiguenave Catherine, Toutain Stéphanie
Comment accueillir un enfant porteur de troubles liés à une alcoolisation pendant la grossesse ? Quatre familles racontent leur histoire : elles ont dû faire preuve de trésors d'inventivité et ont dû puiser dans leurs ressources intérieures tout en recherchant de l'aide, pour relever ce défi. Un dernier chapitre, davantage théorique, s'adresse plus particulièrement aux professionnels de l'enfance qui souhaitent approfondir leurs connaissances sur le sujet.
(25.00 euros, 240 p.)
ISBN : 978-2-343-04792-8, ISBN EBOOK : 978-2-336-36409-4

QUESTIONS DE MIGRATIONS ET DE SANTÉ EN AFRIQUE SUBSAHARIENNE
Sous la direction d'Yves Charbit et Teiko Mishima
Des experts français et japonais, spécialistes des migrations internationales ou de la santé en Afrique subsaharienne, se sont réunis en 2014 à Osaka pour

faire le bilan de leurs recherches. Ils y associent en particulier démographie, épidémiologie, anthropologie, géographie, droit et science politique. Si leurs recherches convergent, les spécificités des contextes mettent en évidence la nécessité de contextualiser les analyses des comportements des individus migrants.
(Coll. Populations, 25.00 euros, 242 p.)
ISBN : 978-2-343-04674-7, ISBN EBOOK : 978-2-336-36344-8

ÉCRITS ÉPISTÉMOLOGIQUES SUR L'ANATOMIE DU XVIe AU XIXe SIÈCLE
Gros Gilles
Partant de l'héritage anatomique de l'Antiquité et du Moyen Âge, l'auteur nous invite à découvrir l'effervescence épistémologique dont l'anatomie fut l'objet du XVIe au XIXe siècle, accédant ainsi à un statut de science souveraine. Il nous révèle combien l'anatomie a marqué de son influence toutes les sphères de la connaissance et des arts, marquant de son sceau la civilisation occidentale.
(Coll. Acteurs de la Science, 35.00 euros, 344 p.)
ISBN : 978-2-343-05094-2, ISBN EBOOK : 978-2-336-36435-3

MONDE (LE) DES MICROBES
Fascinant, redoutable, rebelle
Eben-Moussi Emmanuel
Cet ouvrage retrace l'histoire de la découverte des microbes et de certaines maladies infectieuses. Puis, l'auteur questionne les Sociétés du Vivant et en particulier l'Homme dans la cogestion de son environnement et donc ses comportements à cet égard. Il analyse les difficultés de la lutte contre les différents visages du péril infectieux. Voici l'étude d'un monde fascinant, redoutable et rebelle, trop souvent réduit à une des plus grandes peurs de l'Humanité.
(24.50 euros, 248 p.)
ISBN : 978-2-343-04560-3, ISBN EBOOK : 978-2-336-36223-6

CARACTÉRISTIQUES DENTO-CRÂNIO-FACIALES DES HOMININÉS
Combes Fruitet Elsa
Ce livre décrit les caractéristiques crâniennes, faciales et dentaires des Homininés jusqu'à Homo Sapiens, en soumettant des hypothèses d'évolution en fonction du climat, de l'alimentation ou encore de l'apparition de la culture et établit des comparaisons entre différents Homininés. L'auteur, chirurgien-dentiste, crée une corrélation entre l'héritage de certains caractères ancestraux et la pratique clinique de l'odontologie.
(Coll. Médecine à travers les siècles, 11.50 euros, 94 p., Illustré en noir et blanc)
ISBN : 978-2-343-04532-0, ISBN EBOOK : 978-2-336-36056-0

L'HARMATTAN ITALIA
Via Degli Artisti 15; 10124 Torino
harmattan.italia@gmail.com

L'HARMATTAN HONGRIE
Könyvesbolt ; Kossuth L. u. 14-16
1053 Budapest

L'HARMATTAN KINSHASA
185, avenue Nyangwe
Commune de Lingwala
Kinshasa, R.D. Congo
(00243) 998697603 ou (00243) 999229662

L'HARMATTAN CONGO
67, av. E. P. Lumumba
Bât. – Congo Pharmacie (Bib. Nat.)
BP2874 Brazzaville
harmattan.congo@yahoo.fr

L'HARMATTAN GUINÉE
Almamya Rue KA 028, en face
du restaurant Le Cèdre
OKB agency BP 3470 Conakry
(00224) 657 20 85 08 / 664 28 91 96
harmattanguinee@yahoo.fr

L'HARMATTAN MALI
Rue 73, Porte 536, Niamakoro,
Cité Unicef, Bamako
Tél. 00 (223) 20205724 / +(223) 76378082
poudiougopaul@yahoo.fr
pp.harmattan@gmail.com

L'HARMATTAN CAMEROUN
BP 11486
Face à la SNI, immeuble Don Bosco
Yaoundé
(00237) 99 76 61 66
harmattancam@yahoo.fr

L'HARMATTAN CÔTE D'IVOIRE
Résidence Karl / cité des arts
Abidjan-Cocody 03 BP 1588 Abidjan 03
(00225) 05 77 87 31
etien_nda@yahoo.fr

L'HARMATTAN BURKINA
Penou Achille Some
Ouagadougou
(+226) 70 26 88 27

L'HARMATTAN SÉNÉGAL
10 VDN en face Mermoz, après le pont de Fann
BP 45034 Dakar Fann
33 825 98 58 / 33 860 9858
senharmattan@gmail.com / senlibraire@gmail.com
www.harmattansenegal.com

L'HARMATTAN BÉNIN
ISOR-BENIN
01 BP 359 COTONOU-RP
Quartier Gbèdjromèdé,
Rue Agbélenco, Lot 1247 I
Tél : 00 229 21 32 53 79
christian_dablaka123@yahoo.fr

Achevé d'imprimer par Corlet Numérique - 14110 Condé-sur-Noireau
N° d'Imprimeur : 127122 - Dépôt légal : mars 2016 - *Imprimé en France*

www.ingramcontent.com/pod-product-compliance
Lightning Source LLC
LaVergne TN
LVHW011313061026
849535LV00005B/1543
9782343087498